InSAR 沉降监测技术原理与应用

林茂森　杨国范　等著

黄河水利出版社

·郑州·

内 容 提 要

本书结合作者多年来从事 InSAR 研究的成果和实际经验,兼顾基本原理和前沿发展两方面,系统阐述合成孔径雷达干涉(InSAR)沉降监测技术原理与应用。采用理论分析与案例展示相结合的手段,从区域地表沉降和水库大坝变形监测这两大类实践应用中,详细说明 InSAR 技术的适用性、准确性和高效性。最后的实操手册部分,从运行环境、系统设置、数据导入、图像处理等方面详细介绍了 InSAR 应用的操作过程。本书所述的内容与方法在地质灾害和基础设施安全监测等领域应用前景广阔。

本书可作为高等院校与科研院所大地测量、摄影测量与遥感、地理信息工程、地球物理、地质工程和环境工程等专业的教学用书或参考用书,也可供从事相关领域研究与开发的科研人员参考使用。

图书在版编目(CIP)数据

InSAR 沉降监测技术原理与应用 / 林茂森等著.
郑州 : 黄河水利出版社,2024. 7. -- ISBN 978-7-5509-3933-2

Ⅰ. TV698.1
中国国家版本馆 CIP 数据核字第 2024AX7921 号

组稿编辑:王志宽 电话:0371-66024331 E-mail:278773941@ qq. com

责任编辑	郭 琼	责任校对	岳晓娟
封面设计	李思璇	责任监制	常红昕

出版发行 黄河水利出版社
地址:河南省郑州市顺河路 49 号 邮政编码:450003
网址:www. yrcp. com E-mail:hhslcbs@ 126. com
发行部电话:0371-66020550
承印单位 河南新华印刷集团有限公司
开 本 787 mm×1 092 mm 1/16
印 张 6.5
字 数 155 千字
版次印次 2024 年 7 月第 1 版 2024 年 7 月第 1 次印刷
定 价 65.00 元

前　言

人类活动对地表的影响往往是从量变到质变的过程,许多地学现象都是长期和动态变化的。1951 年,研究者发现,通过对多普勒频移进行处理,能够改善波束垂直向上的分辨率,根据这一原理,就可以利用雷达得到二维地表图像。这种通过信号分析技术来构建一个等效长天线的思想称为合成孔径雷达,简称 SAR。随着技术的进步,SAR 得到进一步的发展,形成合成孔径雷达干涉(interferometric synthetic aperture radar,InSAR)。InSAR 作为一种工作在微波波段的相干成像系统,不仅能够提供与地物特性相关的幅度、相位、频率和极化等丰富信息,而且具备全天时、全天候数据获取能力,尤其是星载 SAR 系统能够长时间、大范围地以固定重访周期对地表进行稳定、连续的观测,便于揭示地学现象的时空变化规律。InSAR 作为获取高精度地面高程信息的前沿技术之一,可以用于检测地表微小形变,在地质灾害监测与预警、地球物理参数反演和公共安全等领域有着巨大的应用潜力,其监测能力达到毫米级,精度与水准测量相当。

InSAR 技术的发展主要受到计算机技术、雷达技术和数据处理技术的影响。20 世纪 80 年代,InSAR 技术开始出现在人们的视野当中,但由于数据处理和计算机技术的限制,应用范围较窄;到 90 年代,InSAR 技术得到了进一步发展,数据处理和计算机技术得到了提高,应用范围扩大到了地震监测、地表沉降和地质勘探等领域;随着第四次工业革命的到来,科学技术不断进步,InSAR 技术得到了快速发展,数据处理和计算机技术得到了进一步提高,应用范围扩大到了海洋监测和冰川变化等领域,同时 InSAR 技术也得到了广泛应用,成为地球科学、资源环境和社会经济等领域的重要工具。

本书是在总结国内外相关研究成果和作者多年从事 InSAR 研究与教学工作的基础上撰写完成的。本书撰写工作主要由林茂森、杨国范统筹策划,并负责全书的统稿工作,其他作者还有刘一峰、高振东、徐伟、景庆增、陈昌隆、王可、殷飞、杨舒婷等。本书作为一本入门教程,从 InSAR 技术的发展与背景、基本原理与方法等方面出发,结合相关典型应用案例进行实例分析,并给出基本操作流程,为相关领域的读者提供参考。作者期望本书的出版能给诸多从事相关工作的科技人员与高等院校师生带来方便,对他们的学习与研究起到借鉴和帮助作用,为持续推动 InSAR 理论与应用研究产生积极的影响。

由于作者水平有限,疏漏之处在所难免,敬请读者不吝赐教,作者将对本书持续进行完善和改进。

作　者

2024 年 5 月

目 录

第 1 章　绪　论

1.1　合成孔径雷达干涉介绍

自 20 世纪 50 年代以来,合成孔径雷达(synthetic aperture radar,SAR)遥感理论与技术一直处于快速发展态势,目前已经成为一种重要的对地观测遥感技术手段。SAR 传感器工作采用的是微波波段(波长为 1 mm~1 m),能主动发射微波,并接收目标反射的回波,属主动遥感成像。相比可见光和红外遥感,SAR 遥感所采用的波长较长,因而受大气散射的影响较小,可以穿透云层、薄雾、雨和尘埃等。因此,无论是在白天和黑夜,还是在恶劣天气和环境条件下,SAR 都能进行目标探测和成像。很显然,SAR 主动遥感具有全天候、全天时等明显的技术优势,目前已广泛应用于农林监测、地质调查、海洋监测、冰雪探测、地表覆盖监测、地形测绘、自然灾害(如洪水)和地质灾害监测,以及国防建设等诸多方面。

随着雷达传感器、通信与计算机等技术的不断进步,以及越来越多对地观测任务需求的不断涌现,SAR 遥感正经历着从理论与技术驱动到应用需求驱动的转变。近年来,SAR 成像系统正向多平台、多波段、多极化、多模式、高空间分辨率(resolution)和高重访频率(frequency)方向发展,现已形成地基(ground-based)、机载(airborne)和星载(spaceborne)SAR 影像获取系统并存的格局。因为 SAR 影像包含振幅(amplitude)、相位(phase)和极化(polarization)等多种信息,SAR 数据处理技术得到了多样化的发展,现已形成干涉处理(合成孔径雷达干涉)、极化分析、幅度追踪、层析建模和立体量测等多种技术并存的局面。

自 20 世纪 80 年代末以来,InSAR 理论与技术得到了持续发展。其起源于 1801 年 Thomas Young 提出的“杨氏双缝干涉实验”,InSAR 主要利用覆盖同一地区的两幅或多幅 SAR 影像中的相位数据进行干涉处理与分析,广泛应用于地形三维重建(three-dimensional reconstruction ofterrain)和由地震活动、火山运动、冰川漂移、地面沉陷、滑坡等引起的地表形变探测(deformation detection)及其地球物理模型反演,具有精度高、覆盖范围广、数据处理自动化程度高等技术优势。

InSAR 是近半个世纪发展起来的定量微波遥感技术,国际上一些学者也将 InSAR 归类于空间大地测量技术。起初 InSAR 主要应用于地形三维重建、制图及地表变化检测,后来很快发展为差分合成孔径雷达干涉技术,并应用于测量地表形变和地球物理模型反演。为解决常规 InSAR 存在的问题,国内外学者又提出并发展了时序/多基线、多孔径干涉、像素偏移量跟踪及不同方法联合使用的策略。目前,InSAR 已开始广泛应用于地震形变火山运动、山体滑坡、冰川漂移以及地面沉陷等方面的监测与分析。InSAR 是在合成孔径雷达成像与电磁波干涉两类技术融合的基础上发展起来的。实际上,雷达探测起源于第二次世界大战期间的军事用途,是一种基于微波探测的主动式传感器,而电磁波干涉技术则起源于"杨氏双缝干涉实验"。假设某卫星 SAR 系统沿着重复轨道对某一区域进行侧视成像,对同一个地面分辨元来说,两次成像便形成了两条雷达视线,也就是说形成了地面分辨元至传感器的两个几何距离,这种情形与"杨氏双缝干涉实验"非常类似,两个雷达传感器的位置类似于"双缝",两个距离对应着两个雷达波程,因波程差导致两个微波相遇时形成增强、削弱,甚至相互抵消的情况,其实质是由相位差异(对应着波程差)所引起,也就是导致"干涉"现象发生的原因。

实际上,SAR 成像时,雷达天线发射的微波信号需穿越大气层且与地表交互作用后被反射至传感器,并记录回波强度与相位信息,这一成像过程受到大气折射和观测噪声的影响。经过信号采集与数据处理,SAR 影像的每一像素既包含地面分辨元的雷达后向散射强度信息,也包含与斜距(传感器到目标的距离)有关的相位信息,将覆盖同一地区的两幅 SAR 影像对应像素的相位值进行差分便可得到一个一次差分相位图,通常称为干涉相位图。干涉相位即相位差异,与传感器到目标的距离直接相关,是 InSAR 数据处理与信号提取的焦点所在。顺便指出,SAR 影像的每一像素的相位均存在整周模糊度问题,在干涉处理中,需要采用相位解缠方法为每一像素确定干涉相位的整周未知数。理论研究表明,干涉相位是参考椭球面地形起伏、地表形变、大气延迟和噪声等因素贡献和的体现。

1.2　InSAR 技术的背景

雷达是因第二次世界大战中的军事需求发展起来的,最初用于跟踪恶劣天气及黑夜中的飞机和舰船。随着射频(RF)技术、天线以及近来数字技术的发展,雷达技术也得到了稳步的发展。早期的雷达系统利用时间延迟测量雷达与目标(雷达反射体)之间的距离,通过天线指向探测目标方位,继而又利用多普勒频移检测目标速度。1951 年,美国 Goodyear Aerospace 公司的 Carl Wiley 发现,通过对多普勒频移进行处理,能够改善波束垂直向上的分辨率。根据这一原理,就可以利用雷达得到二维地表图像。这种通过信号分析技术来构建一个等效长天线的思想称为合成孔径雷达,简称 SAR。

20 世纪 50 年代和 60 年代,民用领域的遥感技术得到了发展。在航空摄影方面,开始在飞机和卫星上使用具有几种光学频带的数字扫描仪,人们也开始进行大面积精细地表图像的应用研究。20 世纪 70 年代,军用 SAR 技术向民用组织开放。遥感学家们发现,SAR 图像能为光学传感器提供非常有用的补充。

许多 SAR 的基础技术是在机载平台上发展起来的,但直到第一颗星载 SAR 的发射,才引起了遥感领域对这种新型传感器的关注。1978 年,美国航空航天局(National Aeronautics and Space Administration,NASA)的 SEASAT 卫星向全世界展示了 SAR 获取高清晰度地表图像的能力。SEASAT 的发射促进了包括 SAR 数字处理器及 SAR 应用研究(如海浪波长、高度及方向测量等)在内的许多遥感领域技术的发展。雷达系统接收到的 SAR 数据是散焦的,看上去很像随机噪声。与全息技术类似,回波数据的基本信息隐藏在相位中,所以需要一个对相位敏感的处理器来获得聚焦图像。利用傅里叶光学原理聚焦可以通过激光波束和透镜组来完成。将雷达回波数据记录在黑白胶片上,用一个激光束瞄准并照射胶片,利用透镜组将这些数据进行一次实时二维傅里叶变换,然后通过衍射光栅来聚焦数据,再经过另一组透镜进行傅里叶变换,就可以在胶片上获得最终的图像。Harger 于 1970 年出版的著作中详细论述了 SAR 数据的光学处理方法。通过 SAR 光学处理器可以得到聚焦良好的图像,但需要对安放在光路上的高质量透镜组进行精确的调整。虽然除去胶片冲洗时间,数据处理是实时的,但仍然需要一个熟练的操作员来控制图像的质量,并且很难做到自动化处理。另外,最终图像的动态范围也受限于输出胶片。

SEASAT 之后,人们开始集中力量开发 SAR 数字处理器。回波数据经过数字化后,记录在胶带或磁盘上。20 世纪 70 年代后期,256 kB 内存对于计算机来说已经相当大了,并且当时的磁盘容量和运算速度以今天的标准来衡量是非常低的。尽管如此,在 1978 年还是建立了一台 SAR 数字处理器来处理 SEASAT 数据。该数字处理器处理一幅 40 km×40 km 大小的 25 m 分率图需要 40 h。开发 SAR 数字处理算法需要将光学处理方法进行完整的移植。其中,字节长度、缩放比例、转角、插值以及快速卷积等都是需要考虑的细节。经过一系列原型化开发,1978 年,加拿大卫星公司麦克唐纳·迪特维利和喷气推进实验室(jet propulsion lab,JPL)同时独立研究出了精确的数据处理算法——距离多普勒算法(range doppler algorithm,RDA),人们很快就认识到 SAR 数字处理的优势和潜力,数字化方法也被奉为"主桌"。1978 年以后,RDA 经过了多次修改,其他数字处理算法也不断涌现,其中有些是针对特殊应用的。本书概述了 1978 年以来各种算法的发展,并详细介绍那些在星载数据处理中使用的算法。

可以毫不夸张地讲,过去 30 年里绝大部分雷达系统方面的革新都是由数字技术在雷达系统设计(尤其是数据处理)中的应用带来的。随着算法处理速度和雷达系统的不断改进,每年都有功能更强大的遥感雷达被设计出来。

InSAR 技术是一种主动遥感技术,它可以通过向地面发射微波信号并接收反射回来的信号来获取地面信息。与其他遥感技术相比,SAR 技术具有高分辨率、全天候、全天时、不受地面云层和大气干扰等优点,因此被广泛应用于地球观测领域。它的出现是为了解决传统地表形变监测方法的局限性,如 GPS 和测量仪器的限制、地形复杂性和遥感数据的不足等问题。InSAR 技术的出现,使得地表形变监测变得更加精确、高效和全面。

地形测绘是 InSAR 技术发展的主要推动力。Graham 于 1974 年率先报告了机载干涉雷达用于地形测绘的实验。稍后,Zebker 和 Goldstein 将其引入 JPL 的机载系统实验,此时首次采用了数字信号处理技术,直接用两幅复数影像形成干涉 ERS-1/2 的 Tandem 计划,获取了大量时间间隔仅一天的高相干性干涉图,这些干涉图对获取地形数据十分有利。而 SRTM 计划的实施更是推动了如 SAR 影像配准干涉图滤波和相位解缠等相关技术的发展。随着 SRTM DEM 数据的不断公开,InSAR 技术在地形测绘方面的研究则更多地集中在如何在现有外部 DEM 的基础上进行地形更新方面。

相对于地形测绘,对地表形变的量测更是 SAR 对地观测系统无可替代的优势。相应的,D-InSAR 技术首次应用是在 1989 年,Garbriel 等利用差分干涉图观测到美国加利福尼亚州 Imperial 峡谷黏土的吸水性导致的地表收缩和膨胀特性。随后该技术在实用化水平上不断提高,应用领域也在不断扩展。

1.3　InSAR 的发展历史

合成孔径雷达干涉(InSAR)是一种应用于测绘和遥感的雷达技术。它是利用合成孔径雷达对同一地区观测的两幅复数值影像(既有幅值,又有相位的影像)数据进行相干处理,以获取地表高程信息的技术,可以通过测量地表的微小变形来研究地球表面的地质和环境变化,包括地震、火山活动、地下水位变化、地表沉降等。

从字面来理解,InSAR 是一个嵌套式的英文缩写,即 radio detection and ranging(radar,无线电探测与测距,简称雷达),synthetic aperture radar(SAR,合成孔径雷达),interferometric SAR(InSAR,合成孔径雷达干涉)。这正说明了 InSAR 的发展经历了地面探测雷达—成像合成孔径雷达—合成孔径雷达干涉的过程,同时说明了 InSAR 是合成孔径雷达遥感成像与电磁波干涉两大技术的融合。雷达的起源要追溯到 1886 年的赫兹实验。赫兹首次开展了无线电微波对不同物体的反射和发射实验。19 世纪初期,第一个雷达的产生被用来探测舰船。典型的雷达系统由发射机、转换器、天线、接收机和数据记录器等组成,通过各部分的协同工作,完成探测和测距工作并记录相应的信息。在早期阶段,雷达技术的研发主要是为了满足军事侦察的需求。1922 年,世界上首个连续波束雷达系统诞生,而第一个脉冲雷达系统则出现于 1934 年,由美国海军研究实验室设计制造。同时,英国、德国和加拿大等也竞相展开对雷达系统的研制。世界上首个成像雷达系统出现于第二次世界大战期间,其以矩形模式成像,图像畸变较严重。后来通过开发平面位置显示器使图像畸变得以大为改善。在 20 世纪 50 年代,侧视雷达成像系统面世,起初也是应用于军事侦察及目标识别,直到 20 世纪 60 年代中期,随着第一批高分辨率 SLR 影像的解密,成像雷达系统及雷达影像才开始应用于科学研究。

实际上,侧视雷达成像系统所获取的影像沿飞行方向的空间分辨率较低,很难满足实际应用需求。为了提高方位向分辨率,需要为 SLR 成像系统设置大型天线,但因搭载平台的荷载限制,大型天线无法满足实用性需求。为了改善方位向分辨率,1952 年,美国 Goodyear Aerspace 公司的 Carl Wiley 基于多普勒频移原理提出并设计了一种“多普勒波束聚焦”系统。与传统的 SLR 不同,这种系统以斜视方式运行,其雷达波束向前成 45°角进行扫描。1953 年,Goodyear Aerspace 公司的雷达研制小组根据这一设计原理成功研制出了世界上第一个机载 SAR 系统。1957 年,在密歇根大学和美国军方的联合攻关下,第一个侧视 SAR 成像系统诞生,其搭载平台依然为飞机。SAR 系统可以利用真实孔径天线的运动逻辑合成一个更大的合成孔径天线,进而实现方位向分辨率的提高。在搭载平台飞行过程中雷达天线持续发射电磁脉冲,在与观测目标交互后产生回波信号,回波信号被接收机记录。每个地面目标对应一个唯一的多普勒频移,"合成孔径"处理通过调整每个地面目标回波的频移量实现解调,并同时对多普勒频移进行匹配,进而实现方位向的高分辨率成像。也就是说,SAR 只是表示"合成孔径雷达"概念,SAR 系统仍然依赖于真实孔径雷达获取初数据,通过"多普勒波束聚焦"处理才能形成高分辨率的影像,实际上"合成孔径"是通过数据处理来实现的。进入 20 世纪 60 年代,一些国家相继开展了机载、航天飞机或星载 SAR 成像系统的研究与实验。1978 年 6 月,美国发射了世界上第一个搭载 SAR 系统的卫星 SEASAT,自此国际上已相继发射了多颗 SAR 卫星,为 SAR 遥感理论与应用研究提供了大量的数据。

在 SAR 系统出现后的早期阶段,仅 SAR 影像中的地物回波强度信息得到应用,即使用 SAR 强度(灰度)影像进行目标识别与变化监测,如极地冰川、土地利用、植被覆盖、考古和生态环境监测以及地质调查等。直到 20 世纪 70 年代,射电天文领域内干涉(电磁波涉)概念及相关技术的引入,才促进了 InSAR 理论与技术的诞生。

前文已提及,电磁波干涉最早起源于 1801 年 Thomas Young 提出并设计完成的"杨氏双缝干涉实验"。由点光源发出的光波穿过两个狭缝后在不同的空间距离上产生叠加,引起光波的增强或减弱,进而在接收光波的白板上出现明暗相间的条纹,即"干涉条纹"。InSAR 正是基于电磁波的这一特性,利用同一目标的两次 SAR 回波信号进行干涉,进而提取地形或地表位移等信息。国际上最早进行雷达干涉实验的是美国人,他们于 1969 年利用雷达干涉对金星表面进行观测。但这并不是真正意义上的 InSAR,因为这次实验所使用的是真实孔径的地面雷达系统。1974 年,美国国家航空航天局的 Graham 发表了关于使用 InSAR 对地球表面形状进行测量的构想。但是,在此后的十多年间,关于 InSAR 的研究进展较为缓慢。直到 1986 年,美国 NASA 喷气推进实验室的 Zebker 等开展了机载 InSAR 地形三维重建的实验研究,获取了美国旧金山海湾地区的三维地形数据,并报道了 InSAR 地形测量精度为 1~3 m,这标志着 InSAR 技术在地形测绘中的首次成功应用。此后,关于 InSAR 的研究和应用逐步得到推广,1987 年和 1990 年,Li 和 Goldstein 使用 SEASAT 数据对多基线 InSAR 地形建模进行了较为深入的研究,得到了精度更高的地形测量结果。这一开创性的工作成为星载 InSAR 技术发展的起点。此后,数字 SAR 处理器的研发成为热点,SAR 传感器的不断发展和完善为 InSAR 技术的发展和应用奠定了基础。随着 InSAR 软件、硬件系统研究的不断升级,InSAR 应用于全球地形测绘取得了巨大成功,国际上最具影响力的两大 InSAR 全球地形三维重建计划当属美国实施的 SRTM 计划和德国实施的 Terrafirma 计划。

随着对 InSAR 研究的不断深入,差分雷达干涉的概念和思路诞生。1989 年,Gabriel 等首次提出了差分合成孔径雷达干涉(D-InSAR)的概念、原理及数据处理方法,使用 SEASAT SAR 影像进行干涉处理,提取了美国加利福尼亚因皮里尔河谷地表位移信息。1993 年,法国国家太空研究中心的 Massonnet 等基于 D-InSAR 成功地测量了 1992 年美国加利福尼亚地区 Landers 地震引起的显著地表位移,研究结果发表在 *Nature* 上。这些研究结果极大地鼓舞与推动了 InSAR 理论与技术的快速向前发展,D-InSAR 已开始被广泛地应用于地震、火山、滑坡、冰川及地表沉陷等方面的监测与物理模型反演。近年来,国际上许多研究机构在雷达干涉硬件系统优化、软件包的开发、算法优化与应用扩展等方面展开了深入而广泛的研究。目前，国际上已有多种商业和开源 InSAR 软件可供使用。例如，瑞士 GAMMA 遥感公司开发的 DIFF&GEO 和 IPTA（干涉点目标分析）模块，法国空间局开发的 DIAPASON，德国徕卡公司开发的 IMAGINE-InSAR，荷兰代尔夫特大学开发的 DORIS，以及美国 NASAR/JPL 开发的 ROI-PAC 等。

随着对 InSAR 理论、方法和应用研究的不断深入，国内外有关学者也逐渐意识到应用该技术所存在的缺陷，如干涉失相关、大气延迟、相位噪声、相位处理误差、轨道数据误差等。尤其对于缓慢累积的地表形变监测而言，由于短时间内缓慢形变的累积量级较小，很容易被大气延迟或其他噪声所掩盖，进而导致形变监测精度降低或失败。

针对常规 InSAR 在监测缓慢地表形变中所存在的缺陷，意大利的 Ferretti 等率先提出了永久散射体干涉（persistent scatterer InSAR，PSI）。该方法的核心思想是：使用在某一时间段内对同一地区所获取的多幅 SAR 影像（SAR 影像时间序列），并基于统计分析方法探测出成像区域内对雷达波后向散射较为稳定的目标（永久散射体），然后针对这些永久散射体的相位时间序列进行建模与分析，从而分离形变与大气延迟等信息。2002 年，Berardino 等提出了短基线子集方法；2003 年，Mora 等提出了一种基于 PSI 构建不规则三角网络并进行形变信息提取的方法，实质上是 PSI 与 SBAS 相结合的一种折中算法。近年来，国际上已提出多种其他时间序列 InSAR 方法，用以监测地表形变时空演变过程。值得说明的是，此类方法也被称为多时序 InSAR。

目前，SAR 成像系统正向多平台、多波段、多极化、多模式、高空间分辨率和高重访频率方向发展，现已形成地基、机载和星载 SAR 影像获取系统并存的格局，为 InSAR 理论与技术研究及其应用拓展提供了强大的数据支撑。自 20 世纪 70 年代以来，美国、俄罗斯、欧洲、日本、加拿大、意大利、德国、中国、印度、以色列、韩国、阿根廷等国家和地区对卫星 SAR 成像系统开展了系统研究和技术开发，并先后成功发射了多颗搭载不同类型 SAR 传感器的卫星。

1978 年 6 月 27 日，美国国家航空航天局喷气推进实验室发射了世界上第 1 颗载有 SAR 传感器的海洋卫星 SEASAT，搭载 HH 极化的 L 波段 SAR，天线波束指向固定。SEASAT 的发射标志着合成孔径雷达已成功进入从太空对地进行观测的时代。在 SEA-SAT 取得成功的基础上，美国利用航天飞机分别于 1981 年、1984 年和 1994 年将 Sir-A、Sir-B 和 Sir-C/X-SAR 雷达成像系统送入太空。Sir-A 是 HH 极化的 L 波段 SAR，天线波束指向固定，以光学记录方式成像，其中最有影响的是发现了撒哈拉沙漠中的地下古河道，表明了 SAR 具有穿透地表的能力：一方面，这取决于被探测地表的物质参数（导电率和介电常数）和表面粗糙度；另一方面，波长越长，其穿透能力越强。Sir-B 是 Sir-A 的改进型，仍采用 HH 极化 L 波段的工作方式，但其天线波束指向可以机械改变，提高了对重点地区观测的机动性。Sir-C/X-SAR 是在 Sir-A 与 Sir-B 基础上发展起来的，是当时最先进的航天 SAR 系统，具有 L、C 和 X 三个波段，采用 4 种极化（HH、HV、VH 和 VV）方式成像，其侧视角（side looking angle）和测绘带范围均可根据需要进行改变。

2000 年 2 月，美国发射"奋进"号航天飞机携带 C/X 波段雷达进行了为期 11 d 覆盖全球 80% 地区的制图任务飞行,即航天飞机雷达制图计划,该系统使用单轨双天线(基线长度为 60 m,由可自动伸缩的金属杆构成)的数据获取模式,目的是运用干涉方法获取全球高精度 DEM,平面采样间距为 30 m,高程精度可达 10 m。

长曲棍球(Lacrosse)系列 SAR 卫星,是当今世界上最先进的军用雷达侦察卫星,已成为美国卫星侦察情报的主要来源。1988 年 12 月 2 日,由美国"亚特兰蒂斯"号航天飞机将世界上第 1 颗高分辨率雷达成像卫星 Lacrosse-1 送入预定轨道。此后,在 1991 年、1997 年、2000 年和 2005 年,又分别将 Lacrosse-2、Lacrosse-3、Lacrosse-4、Lacrosse-5 送入太空。目前在轨工作的有 Lacrosse-2 至 Lacrosse-5,这 4 颗卫星以双星组网,采用 X、L 两个波段和双极化成像,具有三种成像模式,即标准模式(分辨率为 1 m)、宽扫模式(分辨率为 3 m)和精扫模式(分辨率为 0.3 m)。

1987 年 7 月 25 日,苏联成功发射了雷达卫星 Cosmos-1870,主要用于雷达遥感演示和验证。在此基础上,"钻石"(Almaz)系列雷达成像卫星 Almaz-1 和 Almaz-1B 分别于 1991 年和 1998 年被送入太空。其中,Almaz-1 工作在 S 波段,采用单极化(HH)、双侧视工作方式,入射角(incidence angle)在 30°~60°,可变地面分辨率为 10~15 m。Almaz-1B 搭载 3 种 SAR 传感器,即 SAR-10(波长 9.6 cm,分辨率为 5~40 m)、SAR-70(波长 7 cm,分辨率为 15~60 m)和 SAR(波长 3.6 cm,分辨率为 5~7 m),均采用 HH 极化方式。2007 年,俄罗斯发射了 Arkon-2 多功能雷达卫星,这是俄罗斯目前最先进的雷达成像侦察卫星,搭载三波段 SAR 传感器,该雷达分米波段观测系统可探测植被下隐藏的目标,0.7 m 波长的雷达可扫描干燥地表层,可以识别地面伪装和地下目标。

欧洲航天局分别于 1991 年 7 月和 1995 年 4 月先后发射了两颗欧洲遥感姊妹卫星 ERS-1 和 ERS-2,均搭载 C 波段 SAR 传感器,天线波束指向固定,采用 VV 极化方式可获得 30 m 空间分辨率和 100 km 观测带宽的 SAR 影像。作为 ERS 计划的后续,ENVISAT 是由 ESA 于 2002 年 3 月送入太空的又一颗先进的近极地太阳同步轨道卫星。ENVISAT 上所搭载的 ASAR 继承了 ERS-1/2 的成像模式和波束模式,增强了在工作模式上的灵活性和可选择性,具有多种极化、可变入射角、大幅宽等新的特性。2014 年 4 月和 2016 年 4 月,ESA 又成功发射了 Sentinel-1a 和 Sentinel-1b 两颗姊妹卫星,均搭载 C 波段 SAR 传感器,具有四种成像模式,即干涉宽模式(幅宽 250 km,分辨率为 5 m×20 m)、波模式(20 km×20 km,分辨率 5 m×5 m)、条带模式(幅宽 80 km,分辨率为 5 m×5 m)和超宽模式(幅宽 400 km,分辨率为 20 m×40 m),仍然拥有多种极化和可变入射角的成像特性。1992 年 2 月 11 日,日本宇宙航空研究开发机构发射了 JERS-1 卫星,搭载 L 波段 SAR 传感器,采用 HH 极化方式成像。2006 年,日本发射了先进陆地观测卫星(advanced land observing satellite,ALOS),搭载 L 波段合成孔径雷达 PALSAR,具有多入射角、多极化、多工作模式(高分辨率模式和扫描模式)和多种分辨率的特性,最高地面分辨率可达 10 m。继 ALOS PALSAR 成功发射之后,日本于 2014 年又发射了 ALOS-2 卫星,仍然搭载 L 波段,合成孔径雷达 PALSAR 在保留原有成像特性的基础上,提供了更加多样化的成像模式,可选地面分辨率为 1~100 m,可选成像幅宽为 25~490 km。

1995 年 11 月 4 日,加拿大航天局(Canadian Space Agency,CSA)成功发射 RADAR-

SAT1 雷达卫星,工作在 C 波段(5.3 GHz),采用 HH 极化方式,具有 7 种波束模式、25 种成像方式,每隔 3 d 能覆盖一次美国和其他北半球地区,全球覆盖一次不超过 5 d。2007年,加拿大航天局成功发射了 RADARSAT-2 雷达卫星,是 RADARSAT-1 之后的新一代商用 SAR 卫星,不仅继承了 RADARSAT-1 所有的工作模式,并增加了多极化成像、高分辨率(3 m)成像、双侧视成像和移动目标探测等特性。此外,加拿大航天局已宣布,继 RADARSAT-1 和 RADARSAT-2 取得成功之后,于 2018 年以后继续发射了 3 颗 RADAR-SAT 卫星,形成星座,为海事监视、灾难管理与环境变化监控提供多极化、多模式的 C 波段 SAR 影像。

2007 年 6 月 8 日,意大利国防部与航天局合作,成功发射了 Csm-Skymed-1 雷达卫星,标志着 Cosmo-Skymed 军民两用星座项目的实施拉开了帷幕。该星座共包括 4 颗 SAR 卫星,Cosmo-Skymed-2/3/4 发射日期分别为 2007 年 12 月 9 日、2008 年 10 月 25 日和 2010 年 11 月 5 日。每颗卫星的 SAR 传感器均工作在 X 波段,具有多极化、多入射角的成像特性,拥有 3 种成像模式,即扫描模式(分辨率为 100 m 或 30 m)、条带模式(分辨率为 3 m 或 1.5 m)和聚焦模式(分辨率为 1 m)。

2007 年 6 月 15 日,TerraSAR-X 卫星成功发射,是由德国宇航中心、欧洲宇航防务集团 Astrium 公司和 Infoterra 公司共同开发的军民两用雷达卫星。该卫星搭载的 SAR 传感器工作在 X 波段(9.65 GHz),具有多极化、多入射角的成像特性,拥有 4 种成像模式,即条带模式(分辨率为 3 m×3 m)、扫描模式(分辨率为 15 m×16 m)、聚焦模式(分辨率为 2 m×1.2 m)和高分辨模式(分辨率为 1 m×1.2 m)。2010 年 6 月 21 日,德国再次成功发射 TanDEM-X,其性能与 TerraSAR-X 基本一致,二者构成姊妹卫星,经编队飞行可形成干涉系统,主要应用于全球高精度 DEM 获取,这就是德国实施的 Terrafirma 计划。此外,德国还拥有 SAR-LUPE 军用雷达侦察卫星,由 5 颗 X 波段雷达卫星组成星座,能提供地面分辨率优于 1 m 的 SAR 影像。2008 年 1 月 21 日,以色列国防部发射了 TecSAR 雷达卫星,工作在 X 波段,具有多极化、多种成像模式和多种分辨率的特性,最高地面分辨率可达 1 m。2012 年,中国自主研发的 S 波段 SAR 卫星(HJ-1C)成功发射,最高地面分辨率可达 3 m。此外,据不完全统计,还有很多其他国家正在大力开展雷达卫星的系统研究,已经发射或即将发射的雷达卫星包括印度的 RiSat、中国的 GF-3、韩国的 KompSat-5、阿根廷的 SAOCOM 等。

星载 SAR 系统具有广域观测的优势,但由于卫星观测重访周期一般是固定的,机动性有所欠缺。近年来,搭载在飞机或者无人机上的 SAR 成像系统(机载 SAR 系统)得到了快速的发展,因其良好的机动性,与星载 SAR 系统形成了很好的优势互补。此外,机载 SAR 系统一般可作为卫星 SAR 系统的研制基础,在星载 SAR 系统发射前进行一系列参数和算法的验证。美国、加拿大、德国、中国、奥地利、瑞典、丹麦、俄罗斯、澳大利亚、巴西、法国、英国、荷兰、挪威和南非等国家开展了大量的机载 SAR 理论与应用研究。目前,国际上可操作的机载 SAR 系统约有 20 套,其中,有的系统仅搭载一个 SAR 传感器,而有的系统搭载双天线 SAR 传感器(形成双天线干涉系统)。例如:美国 Norden 系统公司研制的 AN/APY-3 多模相控阵雷达系统,该雷达工作在 X 波段。此外,Norden 系统公司还专门为 F-4E 战斗机研制了前视战术多模雷达系统,工作于 Ku 波段,有 4 个接收通道,作用距离为 65~150 km,具有多种 SAR 成像能力。美国 Sandia 国家实验室研制的 Twin-Otter SAR 为多频段、多极化和多模式的高分辨率 SAR 系统,工作在 VHF/UHF、X、Ku 和 Ka 4 个波段。德国宇航中心开发的 E-SAR 系统和美国 JPL 研发的 UAVSAR 系统已在地形测绘、地震应急测绘等领域得到了成功的应用。中国科学院电子学研究所与中国测绘科学研究院等单位研制了具有自主知识产权的机载多波段、多极化干涉 SAR 测图系统,即 SAR-Mapper。

近年来,地基 SAR 成像系统也得到迅速发展,已成为星载和机载 SAR 系统的重要补充,具有监测灵活性强、监测精度极高的特性,特别适合于建筑物或边坡稳定性的监测。地基 SAR 是机载或星载 SAR 工作模式在地面上的一种拓展,由雷达成像系统和天线赖以运行的水平平直轨道等部分构成,也就是说,其数据采集通过传感器在系统自身配置的轨道上运行来实现,并依赖合成孔径和步进频率技术实现在方位向和距离向的高分辨率成像。目前,国际上较为先进的地基 SAR 系统包括意大利 IDS 公司研发的 IBIS-L 雷达干涉仪、GAMMA 遥感公司研发的 GPRI 便携式雷达干涉仪等。国内外众多机构已开始利用这些系统对建筑物、滑坡、露天矿边坡、冰川运动等展开监测和研究,雷达视线方向形变测量精度可达到 0.1 mm。

1.4 InSAR 研究现状

针对 D-InSAR 技术应用中存在的时间与空间去相关问题,20 世纪末由意大利米兰理工大学 Rocca 教授研究小组提出的 PS 技术把注意力集中在一些长时间序列 SAR 数据中保持高相干性的点目标上,并经过完善后于 2003 年获得了专利。与传统的 D-InSAR 方法相比,该技术可达到米级高程精度,并具有毫米级地表形变监测能力。其中,所谓的 PS 点必须满足以下 3 个基本条件:①长时间内目标点的后向散射特性保持稳定;②目标点足够小,能够在长空间基线下保持相干性;③该目标点的后向散射系数远远高于其所在分辨单元内的其他散射体。

在此基础上发展起来的相干点目标分析、时空网络解缠方法等将常规的 D-InSAR 技术推进到了一个以 PS-InSAR 技术为代表的新阶段,即时间序列 InSAR 分析技术阶段,该技术有效解决了 D-InSAR 技术中时间、空间去相关和大气效应等限制测量精度的问题,并在地表微小形变监测等应用领域取得了巨大成功,目前仍是雷达遥感领域的研究热点之一。

加拿大的 Atlantis Scentific 公司在 PS-InSAR 技术基础上开发了相干目标分析(coherent target analysis,CTA)方法。该方法把注意力集中在时间相干性较高的稳定点目标上,因此在整个长时间序列上能够搜索到受时间去相干影响小、相位稳定和时间上连续的稳定点目标——相干目标点(CT points,CT)。CTA 利用在长时间序列的稳定目标点集 CT 上的相位值分离出大气影响噪声和 DEM 误差相位,从而获得形变相位。与经典的 PS-InSAR 技术比较,CTA 的特点是在保持监测精度和相干目标识别密度的前提下,直接选用相位作为识别标准,简化了运算流程,是监测大面积、长时间序列地壳形变的一种可行方法。

时空解缠网络算法是在 PS-InSAR 技术基础上发展起来的又一先进技术,其主要特点是在建立一定的函数模型和随机模型的基础上,利用带权的最小二乘估计器进行最优的参数估计和形变量的提取,函数模型可根据具体试验区的形变场变化规律(线性和非线性)和大气分布状况等条件建立随机模型,并用于控制观测量和各个关键参数的权。该算法具有很高的灵活性和可靠性,已成功应用于多个地区的微小形变监测。

瑞士 GAMMA 遥感公司开发的专门用于干涉雷达数据处理的全功能平台 Gamma 软件,提供了高级干涉雷达处理系统(时间序列 InSAR 数据处理)的模块——干涉点目标分析(interferometric point target analysis,IPTA),该模块针对选中的干涉目标点的相位进行分析。对应于点目标的像素点上并不像分布目标那样会产生去相关效应,因此对于那些超过临界基线距的图像对,也可以分析它们的干涉相位,最终使得更为完整的 SAR 数据解译成为可能。由于该分析能够包含更多的干涉图像对,因此提高了时间序列 InSAR 分析的精度和时相覆盖范围。斯坦福大学 Zebker 研究小组于 2006 年发布了一套 PS-InSAR 数据处理算法,该算法的最大特点是无须事先给出形变模型,而是利用三维时空解缠技术获取目标的时序形变信息。该方法在没有人工散射体的非城市地区也能提取到一定数量的目标,同时设计出真三维解缠技术问题的解决框架,在没有先验的形变模型基础上能够提取出地表的形变量。这种技术非常适合于在无人类活动的地区(如火山、板块运动区等)进行地表形变的监测。

以上介绍的各种时间序列 InSAR 分析技术已经广泛应用于有关形变监测的多个领域,包括由地下水开采和建筑施工引起的城市地面沉降,由采矿和天然气开采引起的矿区地表沉降,由地震、火山及滑坡引起的地面形变等。Tolomei 等应用传统的 D-InSAR 技术和 PS-nSAR 技术在法国巴黎监测由地下水开采引起的地面沉降,得到的监测结果和水准测量数据与水井的压力进行了对比分析,说明它们之间存在一致的变化关系。Arnaud 等应用 STUN 技术在多源的 SAR 影像数据(包括 ERS-1/2 和 Envisat-ASAR 影像数据)监测美国拉斯维加斯城区 1992—2004 年的地面沉降,其结果与传统的差分干涉测量结果吻合,城区的沉降也与建筑工程紧密相关。廖明生等应用 PS-InSAR 和 CTA 技术在上海成功地监测了上海市区的地面沉降,达到了毫米级的精度水平。Perissin 应用 PS-InSAR 技术在中国天津监测地表沉降,不仅反演出天津市的沉降量,还依据 PS 点不同时期分布的状况得到天津市整个城市的发展进程,拓展了 PS-InSAR 技术在城市规划发展方面的应用范围。

由于地下矿产、石油和天然气等矿产资源的挖掘和开采引起的矿区和油田的地表下沉是地质矿产领域关注的一个重要问题。Colesanti 在应用 PS 技术监测美国洛杉矶地区的地震断层和滑坡时,也监测到了该地区由于石油和天然气开采引起的地面沉降,达到 5 mm/a。随后 Kircher 也应用 PS 技术监测到矿区开采引起的地面沉降。另外,Hilley 等利用 PS-InSAR 方法通过对时间序列的活动断层进行分析,发现形变主要发生在雨季,厄尔尼诺现象造成地表形变增加了 11 mm/a。

就像 D-InSAR 技术给地球物理领域的研究提供了一个强有力的检测工具一样,时间序列 InSAR 技术的出现也给地震和火山的研究提供了突破口,使地球物理的研究学者们能在常规 D-InSAR 技术失效的地区进行地表形变测量。Clesanti 等首先应用 PS 技术,并联合 GPS 的测量,在美国南加州几个主要的断层区域检测到了断层的移动速率,其精度达到了 1 mm/a。Lyons 等在监测美国南部 San Andreas 地区断层的位移时,引入 PS 点的集合对时序干涉影像进行加权运算,得到最优的干涉序列。Funning 等在用 PS 技术监测美国北部洛杉矶地区断层移动速率的同时,还结合 GPS 测量和 PS 测量的结果共同反演位错模型的主要参数,为地震研究中的模型建立提供了很好的观测数据。Tolomei 首次应用 PS 技术监测到由火山运动引起的地壳形变。Hooper 进一步改进 PS 技术 StaMPS,使之更适应于非人工目标的识别,在对由火山膨胀和收缩引起的形变进行监测时,通过结合长时序的升轨和降轨数据进行分析,解译了火山喷发前后的形变机制。PS-InSAR 及其类似技术以稳定点目标模型为基础,能够在长时间序列上全面分析目标的物理、几何属性及其变化规律,但由于常规的 PS-InSAR 技术核心思想是时间序列 SAR 影像相干性的最大化,仅在部分干涉图中保持相干性的目标被完全舍弃,导致了该技术在实际应用中存在一些局限性。从最新的发展趋势来看,作为 PS-InSAR 技术基本出发点的相干点目标模型在时间与空间维度上均无法准确描述真实场景中大多数地物的几何物理属性。从目标的空间结构来看,SAR 影像中每一个像素的观测值是其分辨单元,单元内所有散射体以其后向散射系数为权重的积分值。当分辨单元内存在一个后向散射系数较大而自身体积较小的目标时,即表现为前面所述的点目标。在实际地物中,点目标多为建筑物、岩石等。反之,当分辨单元内所有散射体的后向散射系数大体相同时,称为分布式目标(distributed target),分布式目标多为裸地、稀疏植被覆盖区域等在自然场景中,这类地物目标更为常见。针对这一问题,部分学者开展了针对分布式目标的时间序列 InSAR 技术研究,以期在非城市地区提高量测点的密度。

小基线集方法的提出是时间序列 InSAR 技术在非城区应用的第一次有益尝试,该技术采用较短空间基线(通常小于 200 m)干涉纹图集,从而降低几何去相干对它们的影响。此外,短基线数据还可以降低 DEM 误差对形变量测结果的影响。与 PS-InSAR 方法相比,该方法根据一定窗体大小计算相干性,再通过相干性选择时间序列稳定像素,因此该窗体降低了被选像素的分辨率(一般大于 80 mm)。不过由于多视效应,干涉图的信噪比得到了提高。小基线集方法在地球物理学领域应用较多,StaMPS 软件在增加了小基线集时间序列 InSAR 处理模块后取得了不少研究成果,主要集中在火山形变和板块间形变监测中。

意大利米兰理工大学的学者试图在原有 PS-InSAR 的处理框架上扩展时间序列 InSAR 分析技术的应用范围,相应的研究主要分为两个方面:一是通过对分布式目标相位观测向量进行特征向量分解,提取特征值占优的(信息量最大的)特征向量作为观测值,然后进行后续处理,即新一代 PS-InSAR-Squeeze SAR 技术;二是通过最大化目标的时间相干性因子,在时间序列 InSAR 数据中选择具有较高相干性的干涉图子集并提取目标的高程和形变速率信息,这一技术称为准 PS 技术。虽然上述两类时间序列 InSAR 分析技术改变了 PS-InSAR 技术的数据组合策略,但它可以十分方便地直接嵌入标准 PS-InSAR 数据处理流程中,而无须对原有算法进行大的改动。

目前,时间序列 InSAR 分析技术几乎达到了其理论精度,可探测目标的密度也通过 QPS 及其类似技术得到了极大提高。

第 2 章　InSAR 基本原理

干涉现象是在光学实验中发现的,其在物理学中的应用已经有很长的历史。InSAR/D-InSAR 技术的本质就是多次观测地面相干目标回波的干涉现象,即通过比较同一目标对应的两个或多个回波信号之间的相位来量测目标高程或者传感器视线向波长量级的形变。本章先简要论述 SAR 系统成像的基本原理及特性,然后从几何关系出发论述 InSAR/D-InSAR 技术进行地形量测和形变量测的原理,最后从干涉图生成和高程/形变信息提取两个方面来介绍 InSAR/D-InSAR 技术的数据处理流程。

2.1　InSAR 成像原理

SAR 是一种侧视成像的主动式微波遥感系统,其起源于第二次世界大战期间英国发明的雷达。雷达系统最初用于军事目标探测及测距,并没有成像功能,只能在显示屏幕上以极坐标的形式标示出探测到目标的距离和方位。真实孔径雷达是最早的具有侧视成像能力的雷达系统,可以记录地表回波信号的幅度和相位延迟,但其成像分辨率受天线尺寸的限制,因此进一步提高分辨率非常困难。1951 年,美国 Goodyear 航空公司的技术人员首先提出可以用频率分析的方法改善雷达的方位向分辨率,即当雷达运动时,由于同一波束内不同目标相对于雷达的径向速度不同,这些目标回波的多普勒频移存在差别,只要观测时间足够长,就可以通过这两个目标的多普勒频移区分这两个目标,从而改善雷达角分辨率。1953 年夏,在美国密歇根大学举办的暑期研讨会上,许多学者提出利用合成孔径雷达概述机的运动可将 RAR 综合成大孔径线性天线阵列,即 SAR 新概念。SAR 源于 RAR,其成像原理与光学传感器并不相同。雷达成像的质量通常由其分辨相邻散射体的能力来度量,分别用距离向分辨率和方位向分辨率两个相互独立的指标来描述。在运动过程中,SAR 按脉冲重复频率交替发射、接收窄波束微波信号,投射到地面上。SAR 的整个成像条带则由各个不同成像时间的绿色条带所组成。其中,SAR 平台运动方向称为方位向,雷达视线向与方位向垂直,称为距离向。在 SAR 成像条带中,矩形像元的行、列排列方向分别平行于距离向和方位向。SAR 及其他成像雷达的距离向分辨能力指雷达脉冲发射方向上所能分辨的最小距离。SAR 侧视成像示意图如图 2-1 所示。

在距离向上的一个波束内,雷达为时间测距。因此,为使雷达能区分空间上很近的两个单元,它们的回波必须在系统可分辨的不同时间被接收。假定长度为 L 的雷达脉冲对物体 A、B 成像,物体 A、B 在雷达视线上的距离(斜距)为 d,如图 2-2 所示。

要使雷达系统能区分物体 A、B 反射的回波,必须满足 $d>L/2$。如果物体 A、B 的斜距 $d>L/2$,则雷达系统接收到两者的回波就不会发生混叠信号,可以分别独立成像。因此,$L/2$ 为雷达系统的斜距(slant range)分辨率。通常,雷达图像的距离向分辨率是用地距向分辨率 R 表示的,因此需要将斜距分辨率转换为地距向分辨率,即

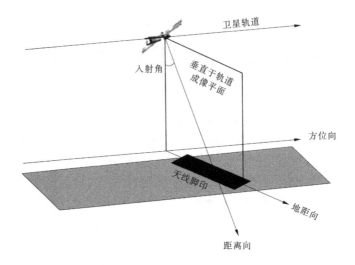

图 2-1　SAR 侧视成像示意图

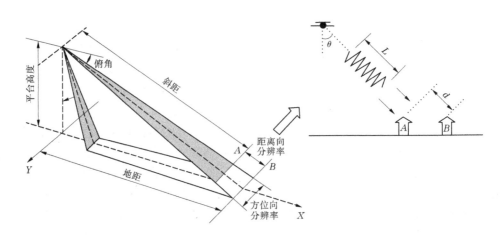

图 2-2　SAR 空间分辨率示意图

$$R_r = \left(\frac{L}{2}\right)\sin\theta = \left(\frac{c\tau}{2}\right)\sin\theta \tag{2-1}$$

由式(2-1)可知,为改善距离向分辨率,雷达脉冲应该尽可能的短。然而,天线只有发射足够能量的脉冲,才能使目标反射信号可以被探测到。如果脉冲被缩短,则必须增大其幅度来保证能量足够大。目前,雷达设备并不能发射非常短且能量很高的脉冲信号。由于这个原因,多数长距离雷达系统都采用线性调频,脉冲压缩技术改变脉冲振幅和宽度,从而提高距离向分辨率。

方位向分辨率描述的是成像雷达区分方位向上两个空间距离很接近的散射体的能力 S。每个雷达波束照射到地面上呈条带状,这个条带的宽度称为波束宽度。在方位向上,只有当目标位于波束宽度内才能接收到目标的回波信号。要区分两个目标,要求两个目标间的距离大于一个波束宽度,只有这样才能在图像上记录为两个像素。若两个目标间的距离在同一波束宽度内,则只能作为一个像素记录在图像上,可见方位向分辨率取决于波束宽度。

　　合成孔径原理如图 2-3 所示,目标 P_1 和 P_2 分别为雷达最早和最后照射目标的位置。传感器在某一位置完成发射和接收信号,由于发射和接收的信号是相干的。回波信号的相位是时间的函数,由目标与传感器之间的距离确定。当传感器从 P_1 运动到 P_2 时,由于目标和传感器之间的相对运动,目标与传感器之间的距离将随飞行时间变化,因而回波信号的相位也随飞行时间不断变化,从而引起回波瞬时频率的变化,即多普勒频移。当传感器做匀速直线运动时,方位向回波信号近似为线性调频信号。方位向多普勒信号通过匹配滤波器的脉冲压缩处理,在空间上相当于形成一个合成孔径 L。

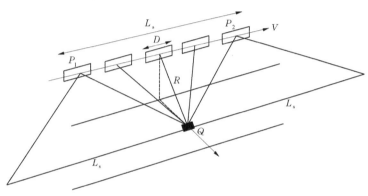

图 2-3　合成孔径原理

　　由此可以得知,SAR 的方位向分辨率与传感器到目标的距离无关,小孔径的天线也可以得到较高的方位向分辨率。但合成孔径处理的理论分辨率不能随雷达天线孔径 D 的减小而无限改善,天线孔径大小在工程设计中受到发射功率等诸多条件的限制。

2.2　典型地物散射机制及 SAR 成像特性

　　SAR 作为一种主动式微波遥感系统,与传统光学遥感系统相比,其成像方式和成像机制有着本质差异,使得地物目标在 SAR 图像中具备独有的特征。SAR 图像主要反映了地表目标的两类特性:一是目标的结构特性,如目标的表面粗糙度(纹理)、几何结构(尺寸、轮廓、直径)和分布方位;二是目标的电磁散射特性,如介电特性和极化特性等。因此,目标的雷达特性主要依赖成像系统参数(如工作波长、入射角、极化方式和飞行方向等)和目标本身的特征(如表面粗糙度、几何形状、材料属性和所处状态等)。

　　影响雷达回波的地表参数主要是几何结构和介电特性,包括地表地形、目标形状和介质的介电常数、地表植被覆盖情况、地球表面和亚表面粗糙程度等地表特性。这两类特性也是紧密关联的,如雷达波长影响电磁波对地表穿透深度,同时地表粗糙程度的度量也与雷达波长有关。对于给定地物目标,后向散射系数的大小取决于雷达波长、入射角和极化方式等系统特性,而对于给定 SAR 系统,则取决于地物形状、介电性质和地物相对雷达波束的散射类型等地表特性。两种具有不同电磁特性的介质之间有一个分界面,这个分界面的粗糙度、几何结构和物理属性都会对入射电磁波产生不同的影响。通常情况下,入射电磁波与地表各类地物发生相互作用的过程中,在地物表面产生镜面反射或漫反射,并由透射或绕射进入表层以下,在部分或全部被吸收后,可能部分或全部再辐射出去。

一般情况下,当雷达波束照射地表目标时,反射、散射、穿透和吸收现象是并存的,在不同情形下,一种或几种现象占主导地位,不能一概而论。这些现象的综合作用形成了后向散射回波信号,该回波信号与入射波相比,除波长基本不会改变外,幅度、相位、极化方式等均可能发生改变。SAR 影像幅度信息反映了信号的这些变化,即地表目标后向散射特性的体现。典型地物目标的后向散射特性是雷达遥感理论研究的重要对象,也是 SAR 图像解译与应用的基础。

成像雷达的一个基本特性是其发射与接收的电磁波是相干的,这要求雷达系统产生频率非常稳定的随机振荡信号,该信号可以作为空间和时间上的定位(确定参考点)。接收到的回波可以精确测定时间上的延迟,延迟的大小取决于雷达与目标之间的距离,从而可以精确测定回波相对于本机信号之间的相位。因此,雷达接收到地表回波信号除雷达回波的幅度信息外,实际上还包含时间测距的相位信息。

与激光、声呐和超声波等相干成像系统类似,SAR 图像中不可避免地存在斑点噪声(speckle)现象。当成像目标的表面相对于雷达波长非常粗糙时,图像的每一分辨率单元都将包含许多微散射体。每个雷达分辨率单元总的雷达回波信号是该单元内所有独立的随机散射体回波信号的矢量和。由于分辨率单元内每个散射体的回波信号的幅度和相位具有随机性,从而使得目标各分辨率单元的后向散射强度也出现强弱变化,在 SAR 图像上形成一系列明暗相间的颗粒状斑点。图 2-4 为斑点噪声形成原因的示意图。

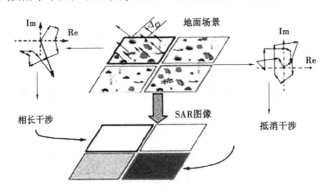

图 2-4　斑点噪声成因示意图

斑点噪声对于目标的检测和识别、特征提取、SAR 图像分制等都有较大影响。因此,斑点噪声的抑制技术是雷达遥感领域和数字信号处理领域长期以来讨论的话题。斑点噪声的抑制技术可分为两大类,即成像之前的多视处理技术和成像后的滤波技术。前者为多视平均的方法,以降低空间分辨率为代价提高图像信噪比;后者可分为空域滤波技术和频域滤波技术两类。其中,以空域滤波技术为基础的斑点噪声抑制算法大量出现,成为雷达图像斑点噪声抑制技术的主流。目前,最常用的空域滤波算法有基于最小均方误差(MMSE)估计的 Kuan、Lee、Frost 及其增强滤波算法。

然而,不能简单地将斑点噪声作为一种图像噪声对待,实际上它包含电磁波和地物相互作用的信息。在 SAR 图像中,斑点噪声的统计特性从某种程度上决定了 SAR 图像本身的统计特性,是 SAR 图像处理和分析的基础。因此,在实际的 SAR 图像处理与分析中,必须根据实际情况决定是否对斑点噪声进行抑制处理。

2.3　InSAR/D-InSAR 技术的基本原理

2.3.1　InSAR 几何原理

InSAR 技术的基本原理在很多文献中都有详尽的介绍,由于本书中的 SAR 数据主要来自星载系统,这里以重复轨道星载 SAR 传感器为例,从几何关系的角度简单阐述 InSAR 技术获取地表高程的基本原理与公式。

如图 2-5 所示,假设卫星两次通过地面点 P,h 是 P 点相对于参考球的高程,传感器的位置由卫星轨道参数可以获得,分别为 S_1 和 S_2,它们到 P 点的距离分别为 R_1 和 R_2,它们之间的距离称为基线 B,α 为基线与水平面的夹角。由于传感器的位置是已知的,所以 S 到参考球的垂直高度也是已知的,记为 H,O 为地球球心。从图 2-5 中的几何关系可以看出,要想求得 P 点的高程,关键是求得 S 的入射角,干涉测量的本质在于由于两次回波信号的高度相干性,信号的传播路径差可以由它们之间的相位差得到。

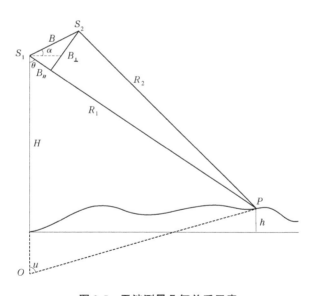

图 2-5　干涉测量几何关系示意

2.3.2　D-InSAR 原理

当 SAR 系统对同一地物进行两次或多次观测时,该地物的几何位置相对于传感器发生了变化,称为发生了形变。对于通过两次或多次干涉测量得到地表形变量的技术,称为 D-InSAR 技术。D-InSAR 基本原理如图 2-6 所示。

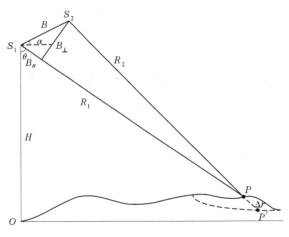

图 2-6　D-InSAR 基本原理

2.4　InSAR 系统中的一些重要参数

2.4.1　干涉相位

在 InSAR 技术中干涉相位指两幅复数影像精确配准以后对应像素值共轭相乘得到的复数幅角值。

复数影像 u_1 和 u_2 分别用以下公式表示：

$$u_1 = |u_1| e^{j\varphi_1} \tag{2-2}$$

$$u_2 = |u_2| e^{j\varphi_2} \tag{2-3}$$

两幅影像共轭相乘后得

$$u = u_1 u_2^* = |u_1| |u_2| e^{j(\varphi_1 - \varphi_2)} \tag{2-4}$$

则干涉相位为

$$\varphi = \varphi_1 - \varphi_2 = \tan^{-1} \left[\frac{\mathrm{Im}(u)}{\mathrm{Re}(u)} \right] \tag{2-5}$$

式中　j——函数单位；

　　　　φ——相位；

　　　　u^*——复数 u 的共轭复数；

　　　　$\mathrm{Im}(u)$——复数 u 的虚部；

　　　　$\mathrm{Re}(u)$——复数 u 的实部。

由反正切函数的值域可知,干涉图中的相位值只能在 $(-\pi, \pi)$ 之间取值,即缠绕相位。通过相位解缠技术可以恢复涉图中各像素间的相对关系,从而得到解缠相位,但在获取地形信息时,还需要通过地面控制点或外部 DEM 数据来确定绝对相位,而在获取形变信息时,需要找到一个稳定目标作为参考点,恢复其他像素相对于该参考点的相对形变值。

2.4.2　空间基线

在星载重复轨道 SAR 系统中,两传感器的相对位置向量 $\boldsymbol{B}$ 称为空间基线(以后如无特殊说明均简称为基线)。它是 InSAR 技术中的一个关键参数。根据投影坐标系统的不同,基线可以表示成两种不同的形式,每种形式在干涉测量中起着不同的作用。以下参考图 2-7 分别介绍这两种形式的基线表示方法,并对它们在干涉测量技术中所起的作用进行简单的分析。

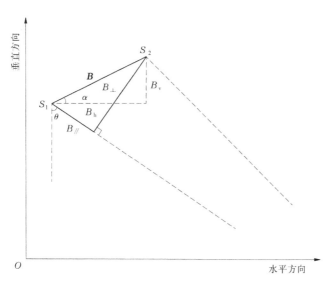

图 2-7　基线分量示意图

(1)基线 $\boldsymbol{B}$ 在垂直和平行于主影像视线方向可分解为平行基线(arallel baseline)$B_{/\!/}$ 和垂直基线(perpendicular baseline)$B_{\perp}$。

$$B_{/\!/} = \boldsymbol{B} \sin(\theta - \alpha) \tag{2-6}$$

$$B_{\perp} = \boldsymbol{B} \cos(\theta - \alpha) \tag{2-7}$$

可以看出,这两个基线分量是随着视角的变化而变化的,由于每个像素的视角都不同,这两个分量在整个影像上是不断变化的。另外,因为 $R_1 > \boldsymbol{B}$,可以由 $R_1 - R_2$ 近似地替代 $B_{/\!/}$,从而通过进一步的计算得到 θ。这点对于计算相位到高程的转化十分重要,而垂直基线的长短则反映了干涉测量系统对高程的敏感程度。

(2)按水平和垂线方向又可将基线 $\boldsymbol{B}$ 分解为水平基线(horizontal baseline)B_{h} 和铅垂基线(vertical baseline)B_{v}。

$$B_{\mathrm{h}} = \boldsymbol{B} \cos \alpha \tag{2-8}$$

$$B_{\mathrm{v}} = \boldsymbol{B} \sin \alpha \tag{2-9}$$

这两个基线分量只与传感器的位置有关,即在距离向上保持不变,而在方位向上随着两卫星的相对位置发生改变。利用上述特点可以在方位向上的每一行先求得这两个基线分量,然后利用表 2-1 中的换算关系计算每个像素高程值所需要的垂直基线和平行基线。

表 2-1　两种基线表达形式转换关系

项目	$\boldsymbol{B}_{/\!/} B_\perp$	$B_{\mathrm h} B_{\mathrm v}$
$\boldsymbol{B}_{/\!/} B_\perp$	$B_{/\!/} = B_{\mathrm h}\sin\theta - B_{\mathrm v}\cos\theta$ $B_\perp = B_{\mathrm h}\cos\theta + B_{\mathrm v}\sin\theta$	
$B_{\mathrm h} B_{\mathrm v}$		$B_{\mathrm h} = B_\perp\cos\theta + B_{/\!/}\sin\theta$ $B_{\mathrm v} = B_\perp\sin\theta - B_{/\!/}\cos\theta$

2.4.3　平地效应相位

假设地面为一平面,根据干涉测量的基本原理,它也会造成距离差,并产生相应的干涉条纹,这部分干涉相位称为平地效应相位。

P 点和 P' 点产生的干涉相位分别为

$$\phi = -\frac{4\pi}{\lambda}\boldsymbol{B}\sin(\theta - \alpha) \tag{2-10}$$

$$\phi' = -\frac{4\pi}{\lambda}\boldsymbol{B}\sin(\theta + \Delta\theta_R - \alpha) \tag{2-11}$$

通常 $\Delta\theta_R$ 远小于 θ ,则两点之间的干涉相位差为

$$\Delta\phi_R = -\frac{4\pi\boldsymbol{B}}{\lambda}\left[\sin(\theta + \Delta\theta_R - \alpha) - \sin(\theta - \alpha)\right] = -\frac{4\pi\boldsymbol{B}}{\lambda}\cos(\theta - \alpha)\Delta\theta_R \tag{2-12}$$

同时有

$$R\Delta\theta_R \approx R\sin\Delta\theta_R = \frac{\Delta R}{\tan\theta} \tag{2-13}$$

因此,式(2-13)还可以表示为

$$\Delta\theta_R = -\frac{4\pi\boldsymbol{B}}{\lambda}\frac{\cos(\theta - \alpha)\Delta R}{R\tan\theta} = -\frac{4\pi B_\perp}{\lambda R\tan\theta}\Delta R \tag{2-14}$$

从式(2-14)可以看出,无高程变化的平坦地面也会引起干涉相位在距离向和方位向呈周期性变化,这一部分干涉条纹会增加相位解缠的难度,在干涉处理时应予以去除。

2.4.4　高程模糊度

为了验证干涉测量系统对高程测量的灵敏度与哪些因素有关,选取具有相同斜距、不同高程的 P 和 P' 两点,如图 2-8 所示,它们的涉相位分别可以表示为

$$\phi = -\frac{4\pi}{\lambda}\boldsymbol{B}\sin(\theta - \alpha) \tag{2-15}$$

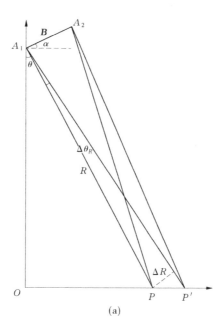

(a)

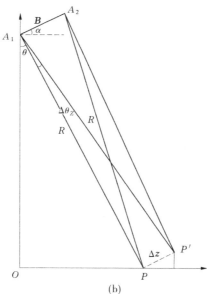

(b)

图 2-8　平地效应几何示意图与干涉相位随高程变化示意图

$$\phi' = -\frac{4\pi}{\lambda}\boldsymbol{B}\sin(\theta + \Delta\theta_R - \alpha) \tag{2-16}$$

则此两点的干涉相位差为

$$R\Delta\theta_z \approx R\sin\Delta\theta_z = \Delta z/\sin\theta \tag{2-17}$$

因此,式(2-16)可以表示为

$$\Delta\phi_z = -\frac{4\pi\,\boldsymbol{B}\,\cos(\theta-\alpha)\,\Delta z}{\lambda\,R\sin\theta} = -\frac{4\pi B_\perp\,\Delta z}{\lambda R\sin\theta} \tag{2-18}$$

由式(2-18)可以得到干涉相位对高程的灵敏程度为

$$\frac{\Delta\phi_z}{\Delta z} = -\frac{-4\pi B_\perp}{\lambda R\sin\theta} \tag{2-19}$$

把 2π 相位对应的高程值称为 InSAR 系统的高程模糊度,即

$$\Delta Z_{2\pi} = -\frac{\lambda R\sin\theta}{2B_\perp} \tag{2-20}$$

由式(2-20)可以看出,R 对于同一传感器基本保持不变,而 θ 只在一个较小的范围内变化且 $R\sin\theta > B_\perp$,所以垂直基线 $B_\perp$ 的长度决定了干涉测量系统在其生成的干涉图中相位对高程的敏感程度。$B_\perp$ 越长,2π 相位变化对应的高程变化越小,相位对高程的敏感程度越高;$B_\perp$ 越短,2π 相位对应的高程变化越大,相位对高程的敏感程度越低。

2.4.5　相干性

相干性反映了信号间的相似程度。两个零均值圆高斯复数随机信号 γ_1 和 γ_2 的相干性 γ 定义为

$$\gamma = \frac{E\{y_1 y_2^*\}}{\sqrt{E\{|y_1|^2\}E\{|y_2|^2\}}}\quad(0\leqslant\gamma\leqslant1) \tag{2-21}$$

根据 γ 的定义,相系数是标准化的协方差函数,因而能够反映两个信号之间的线性相关程度,常作为干涉相位精确性的度量。相干性高的区域,两次回波之间的相似程度也高,则干涉相位差能够精确反映回波间的距离差;而相干性较低的地方,两次回波之间的相似程度较低。因此,两信号之间的相位差并不完全代表回波间的距离差,这时候干涉测量就很难得到正确的结果。另外,由于相干性反映了地物在两次成像时间间隔内发生变化的程度,它还可以作为 SAR 影像分类的指标。

在理想情况下,式(2-22)的数学期望值可以通过对大量在相同情况下同时获取的干涉图的每个像素进行计算汇集并进行平均计算求得,但这种方法在实际情况下难以实现。所以,一般假设在 N 个像素的窗口中,随机过程是平稳且各态历经的,此时由这 N 个像素的空间平均就可以代替汇集平均,从而求得相干性的估计值。

$$|\hat{\gamma}| = \frac{\displaystyle\sum_{n=1}^{N}|y^{(n)}y_2^{*(n)}|}{\sqrt{\displaystyle\sum_{n=1}^{N}|y_1^{(n)}|^2\sum_{n=1}^{N}|y_2^{(n)}|^2}} \tag{2-22}$$

2.5　干涉图生成

从两幅单视复数影像(SLC)到生成 DEM 或形变图的数据处理流程按照数据处理对象的不同,整个处理流程可以分为以下三大模块:

（1）数据的导入。主要包括不同分发格式 SLC 数据、轨道参数导入和轨道粗定位、前置滤波等一些前期处理工作。

（2）干涉图的生成和处理。主要包括主从影像的精确配准、干涉图和相干图的生成、后置滤波和相位解缠等。

（3）由干涉相位到地理信息的计算。主要包括相位到高程的计算、地理编码 DEM 构建、形变信息提取等。

2.5.1　前置滤波

主从影像在方位向存在回波信号多普勒中心频率之间的偏移,在距离向因入射角差异存在地距频率的偏移。这两种频率偏移是干涉处理时一个重要的去相干因素。在进行影像的精确配准之前,需要进行频率域的滤波处理,即前置滤波。前置滤波是在方位向和距离向分别进行的。一般而言,如果频谱偏移过大,方位向滤波应该在配准前进行,可以提高配准精度,而距离向滤波则必须在配准后的主从影像之间才能进行。方位向和距离向前置滤波的具体流程类似,都是先对主从影像在方位向和距离向进行频率域分析,然后通过带通滤波器将两者的频谱非重叠部分滤除。

2.5.2　影像配准

影像配准作为由 SLC 数据生成 DEM 的第一步,对后面干涉图的生成和高程的精度都有一定的影响。已有很多文献对 SAR 影像的配准进行了深入的研究,其主要步骤如图 2-9 所示。

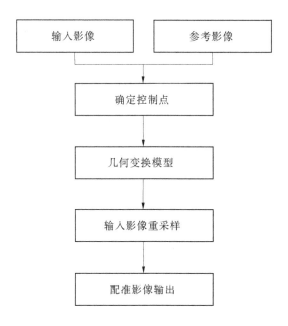

图 2-9　SAR 影像配准流程

在影像配准过程中,最重要的步骤是控制点的选取,根据不同的控制点选取测度,学者们提出了许多配准方法,包括相干系数法、相关系数法、最大干涉频谱法、相位差影像平均波动函数法、最小二乘法等。对于几何变形模型,通常采用二次多项式进行拟合。

不同于一般遥感光学影像的配准,SAR 影像配准有其自身的特点。一方面,对于重复轨道干涉测量,由于两次成像天线的位置是不断变化的,因此两幅影像的位置关系也是复杂多变的。另一方面,由于 SAR 影像是复数影像,其既可以利用影像的幅度信息,还可以利用相位信息。理论研究表明,若要获得准确的干涉相位,配准精度要达到 0.1 个像素级。

2.5.3　干涉图和相干图的生成

配准后的两幅复数影像可以按照前文公式分别求得干涉相位和相干性的值。

此时得到的干涉相位为主从影像对同一目标距离差的直接反映,其中包含地球椭球、高程和形变造成的相位差及大气效应相位和各种噪声成分。先在干涉图上均匀地取一部分像素计算其平地效应造成的相位值,然后通过二次或更高次的多项式拟合整景影像的平地效应相位并加以去除。对于差分干涉图,还需要进一步去除地形相位,常规方法主要有三种,即二轨法、三轨法和四轨法。

2.5.3.1　二轨法

二轨法的基本思想是利用已知的外部 DEM 来去除地形引起的干涉相位,其关键步骤是外部 DEM 与主影像配准。首先将 DEM 转换到主影像雷达坐标系,并生成模拟 SAR 影像。由于主影像的轨道及时间参数信息存在误差,直接转化来的雷达坐标系下 DEM 通常与相应 SAR 影像之间存在偏移。通常利用 SAR 影像的幅度特征在主影像和模拟 SAR 影像之间寻找匹配点,估计像素偏移。然后,利用像素偏移拟合得到的常数或多项式参数对与模拟 SAR 影像对应的 DEM 进行重采样,生成最终雷达坐标系下的高程数据。在实现外部 DEM 与主影像的配准以后,按照基线、入射角等干涉参数把外部 DEM 模拟成地形干涉条纹。最后,就可以从干涉图中移除外部 DEM 对应的地形相位得到形变相位。

2.5.3.2　三轨法

三轨法要求由两景时间基线较短的影像生成反映地形信息的干涉图 2。由另外两景空间基线较短、时间基线较长或跨越形变事件的影像生成包含形变和地形信息的干涉图,并去除干涉图 1 生成的地形相位,再经过去平地效应处理生成差分干涉相位,最后经过相位到斜距的转换生成雷达视线向形变量。

2.5.3.3　四轨法

在有些情况下很难挑选满足三轨法的差分影像干涉对,这时可以选择采用四轨法。该方法需要选取两组主从 SAR 影像对。选择一对合适的 SAR 影像用于生成 DEM,另外选择两幅合适的 SAR 影像生成形变干涉对。接下来的处理步骤与三轨法一致,两幅干涉对经过差分处理生成差分干涉相位,经过相位到斜距的转换生成雷达视线向形变量。

综上所述,3 种方法各有特点,可根据需要灵活选择。在已知外部 DEM 的情况下,二轨法是 D-InSAR 中最简单易行的方法。在没有外部 DEM 的情况下,可选择三轨法或四轨法。三轨法对于 3 次观测后获得的影像相关参数要求比较严格,其中一对适合生成地形相位,即要求合适的时间、空间基线和高相干性,另一对适合生成也要求具有很高相干性的形变相位。当其中有些条件不满足时,可以考虑选择四轨法,即在 SAR 影像集中挑选符合条件的两对 SAR 影像进行差分干涉处理。它比三轨法具有更高的灵活性,但由于没有公共的影像,其影像对之间的配准难度有所增加。

2.6　后置滤波

在生成干涉图之后,由于各种去相干因素的影响,干涉图常会存在一定的相位噪声,这部分噪声会使相位数据存在不连续性和不一致性,使得后续的相位解缠过程中出现局部误差,局部误差会沿着解缠的过程传播,对相位解缠的效率、精度有很大的影响。因此,在形成干涉图后,一个重要的工作就是滤除噪声、提高信噪比。

干涉图的滤波相对于一般的数字图像滤波,有其自身的特点。因为干涉图中的相位数据是在 $(-\pi,\pi)$ 区间内的,所以很多经典的滤波算法都不能直接应用在干涉图上。一般来说,主要的后置滤波算法分为两大类:一是在提取缠绕相位值之前分别对主从影像的实部和虚部进行滤波处理;二是通过对相位梯度自适应地保留相位跳变部分的相位,只对非边缘部分进行平滑处理。

2.7　相位解缠

相位解缠可以转化为最优化问题,其本质就是提出优化目标,并采用一定途径来实现它。优化目标和实现它的途径并无绝对的相关性,它们可相互独立。L^p 范数框架给出了优化目标函数,可分析一些解缠方法之间的理论联系,但没有指出实现优化目标的具体途径,且此框架的优化目标过于抽象,与干涉图本身所反映的物理量之间并无关系。网络规划模型可用于求最小 L^1 公范数解,但它并不局限于公范数目标函数,是与优化目标相独立的。例如:在枝切法中,枝切表示相位可能不连续的地方,则枝切可被视为网络中非零的流;在最小二乘算法中,缠绕相位梯度与解缠相位梯度的差值不一定是整数,则可认为网络中的流可能不是整数值。所以,网络规划技术是完全通用的,其能够为实现相位解缠的优化目标提供通用的技术途径。

基于以上对相位解缠优化目标和网络规划模型的认识,Chen 提出了新的优化目标函数和用以求解优化目标的网络规划算法,推进了 InSAR 中相位解缠问题的解决。Chen 利用干涉图的统计特性定义费用函数,即相位解缠问题中的优化目标,他提出的新相位解缠算法称为统计费用网络流算法。

当相位解缠作为最优化问题时,其广义的优化目标为

$$\arg_{\min}\{G_{\phi,\varphi}(\phi,\varphi)\} \tag{2-23}$$

式中: ϕ 和 φ 分别为真实相位场和缠绕相位场;$G\{\cdot\}$ 为优化目标函数。

相位场由其梯度决定,在离散状态下,优化目标为

$$\arg_{\min} \left\{ \sum_k g_k(\Delta\phi_k, \Delta\varphi_k) \right\} \tag{2-24}$$

目标函数 $g_k(\Delta\phi_k, \Delta\varphi_k)$ 在网路规划中可称为费用函数。对于相位解缠而言,直接求解式(2-24)这样一个优化目标相当于求严格的全局 L^0 范数解,这个问题的复杂度是 NP 难问题,即算法中所称的计算时间随数据的增加呈指数增长的问题。因此,必须在一定的假设条件下进行简化,确定具体形式。

在最小 L^0 范数框架中,费用函数为

$$g_k(\Delta\phi_k, \Delta\varphi_k) = w_k |\Delta\phi_k - \Delta\varphi_k|^p \tag{2-25}$$

其函数曲线示例如图 2-10 所示,尽管利用 L^p 范数目标函数可得到解缠相位,但这些费用函数曲线几乎没有任何物理意义,没有任何理论可以说明通过优化 L^p 范数目标函数可得到正确的真实相位,L^p 范数只是抽象的数学量,通过它可指导相位解缠,但与 InSAR 原理及干涉图中蕴含的信息没有任何联系。

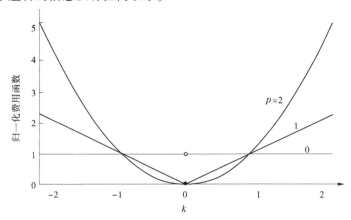

图 2-10　L^p 范数费用函数曲线

为了加强费用函数的物理意义,Chen 将相位解缠视为最大后验概率(maximum a posteriori probability,MAP)估计问题。在给出缠绕相位场的条件下,对真实相位场求得一个估值,使条件概率密度函数的值最大,同时认为解缠相位梯度和缠绕相位梯度在统计上是相互独立的,并且解缠相位场是与积分路径无关的(在网络规划模型中可保证这一点)。条件概率密度函数可写为

$$f(\Delta\phi | \Delta\varphi) = \prod_k f(\Delta\phi_k | \Delta\varphi_k) \tag{2-26}$$

则优化目标为 $\arg_{\min}\{-\sum_k \ln[f(\Delta\phi|\Delta\varphi)]\}$。

当 $f(\Delta\phi | \Delta\varphi)$ 的值最大时,即满足优化目标。由于费用函数是基于统计特性的,因此称为统计费用函数,亦为 MAP 费用函数:

$$g_k(\Delta\phi_k, \Delta\varphi_k) = -\ln[f(\Delta\phi_k | \Delta\varphi_k)] \tag{2-27}$$

为了不破坏相位主值,规定 $\Delta\phi$ 和 $\Delta\varphi$ 只能相差整数个 2π 周期,且由于两者在统计上的独立性,MAP 费用函数可写为 $f(\Delta_k)$ 重写为条件概率密度函数:

$$g_k(\Delta\phi_k,\Delta\varphi_k) = -\ln[f(\Delta\phi_k)],\ \Delta\phi_k = \Delta\varphi + 2n\pi \qquad (2\text{-}28)$$

为了用缠绕相位场中所没有的信息引导相位解缠,加强费用函数的物理意义,相位解缠可视为已知 SAR 影像强度和干涉图相干性条件下的 MAP 估计问题,则

$$g_k(\Delta\phi_k,\Delta\varphi_k) = -\ln[f(\Delta\phi_k \mid I,\rho)],\ \Delta\phi_k = \Delta\varphi + 2n\pi \qquad (2\text{-}29)$$

式中:I 为主从影像强度的平均值;ρ 为干涉图复相干系数的幅度值。干涉图相位的统计特性与 I 和 ρ 是密切相关的,随着 I 的变化,概率密度函数也会发生变化。为了得到一个具体的 MAP 费用函数,必须分析干涉相位噪声与各参数之间的统计关系。

在得到费用函数后,接下来的任务便是如何在网络中求解最小费用流,得到满足优化目标的解缠相位场。与求最小 L^1 范数解的网络规划模型不同,MAP 费用函数定义的网络模型是非线性费用网络。在非线性费用网络中,当一定的流量流过一条弧时,该弧上导致的总费用不一定与流量大小呈线性关系,而是流量大小的一个函数,此时就不能直接采用在线性费用网络中求解最小费用流的算法,如消圈算法、松弛算法、网络单纯形算法等。因此,为了在相位解缠中得到与费用函数形式无关的网络规划算法,必须在已有的最小费用流算法基础上做出改进。

Chen 将网络单纯形算法、Pallottino 的双队列最短路径算法和 Dial 实现 Diikstra 最短路径算法的思想与能够用于任意形式费用函数的消圈算法结合起来,很好地解决了相位解缠中网络规划问题,这种混合算法可称为扭转—生长算法。该法能较好地将费用函数与干涉图的幅度、相干性等具体物理含义联系起来统计费用网络流算法,在相干性好的区域,其解缠结果与枝切法几乎一致,在相干性差的区域,则能够通过设定较大的费用避免误差的传递与扩散。而网络规划算法则保证了解缠的效率。在当前 InSAR/D-InSAR 数据处理中,这一类型的算法一般作为首选算法。但在时间序列 InSAR 处理中,前两种算法的应用更为广泛。

第 3 章　　地表几何信息提取

3.1　相位到高程的转化

在对干涉图进行解缠后,便得到了像素之间真实的相对相位关系。从 InSAR 的原理上看,这时要得到地面点的高程将变得非常简单,但实际操作起来还有许多问题需要解决。下面就几何公式法、高程模糊度法和 Schwabisch 方法这三种相位到高程的转化方法分别进行讨论。

3.1.1　几何公式法

按照前文中所推导的公式可以直接利用卫星轨道参数和解缠相位获取地面高程值,该方法计算高程算法比较简单,但求得的高程值存在很多问题。图 3-1 是利用上述方法得到的三峡地区的高程图和直方图,从图 3-1 中可以看出,系统性误差对高程的影响十分严重,高程分布从−5 000 m 到+5 000 m,完全无法实际使用。造成这种现象的原因有三点:首先,*H* 值并不精确,它的近似计算通常会带来距离向上的系统性误差;第二,由于是直接计算高程,没有一个迭代逼近的过程,各个误差源带来的误差直接反映在高程上;第三,该方法的基线是通过两卫星轨道参数直接计算得到的,而这样得到的基线是不能满足实际高程测量要求的。

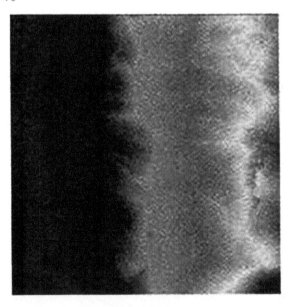

图 3-1　几何公式法得到的高程图及其直方图　（单位:m）

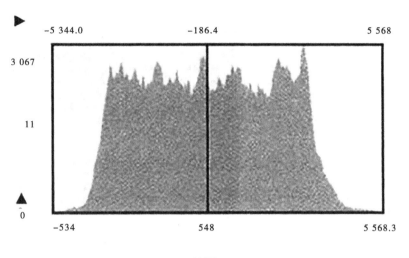

续图 3-1

3.1.2 高程模糊度法

根据前文关于高程模糊度的概念,可以得到相位和高程之间的关系:

$$\frac{\partial \phi_z}{\partial z} = -\frac{4\pi}{\lambda}\frac{B_\perp}{R\sin\theta} \tag{3-1}$$

由于雷达成像时,方位向上每行像素的成像时间非常短,在这个时间区间可以认为两传感器的相对位置没有发生变化。

对每一行像素:通过中间像素的方位向影像坐标和卫星轨道参数获取主从影像的该像素对应的传感器位置,并计算 B_h 和 B_v。

对该行的每一像素:

(1)使该像素当前高程值为 0。

(2)使用当前高程值修正椭球参数。

(3)通过联立多普勒、斜距和椭球方程求得该像素对应的地面点坐标。

(4)根据地面点坐标求得对应的影像卫星位置,并由此利用公式计算当前高程对应的该像素的入射角、传感器和地面点之间的斜距、垂直基线等参数。

(5)利用公式求得该像素的高程,并更新当前高程为该像素的高程。

(6)如果当前高程值和上次迭代中的高程值之差小于预先设定好的阈值,则迭代结束,如果高程差大于该阈值,则回到步骤(3)继续进行迭代运算。

该方法由于采用了迭代方法,而且不涉及 H 的计算,所以距离向上系统误差的影响被大大削弱了。但是,此时求得的高程值仍存在由于基线计算不准确和大气效应造成的系统性误差。

3.1.3 Schwabisch 方法

Schwabisch 等在 1995 年提出先完成一些参照点的计算,然后和实际值比较来推导其

他点的高程,其原理类似于当前遥感影像几何纠正中采用的有理多项式法,具体步骤如下:

(1)计算图像中点在不同高程下的相位,假设该点高程为 $h = 0\ m$、$2\ 000\ m$、$4\ 000\ m$,计算主从影像中 P 点的位置矢量。

$$B_{/\!/} = \rho_1 - \rho_2, \quad \phi_0 = -\frac{4\pi}{\lambda}B_{/\!/} \tag{3-2}$$

(2)存储上面的值及点的位置和高程。

(3)把高程表示为相位 φ_0 的函数:

$$\begin{cases} a_0 + a_1\phi_1 + a_2\phi_1^2 = z_1 = 0 \\ a_0 + a_1\phi_2 + a_2\phi_2^2 = z_2 = 2\ 000 \\ a_0 + a_1\phi_3 + a_2\phi_3^2 = z_3 = 4\ 000 \end{cases} \tag{3-3}$$

用式(3-3)可以方便地求出系数 a_i。

(4)利用多项式描述图像位置和系数 a_i 的关系:

$$a_{i_{jp}} = \beta_{00} + \beta_{10}l + \beta_{01}p + \beta_{00}l^2 + \cdots = \sum_{i=0}^{d}\sum_{j=0}^{i}\beta_{i-j}l^{i-j}p^j \tag{3-4}$$

通过式(3-4)估计系数 β_i,并应用公式完成相位高程的转化。上述算法在求解高程时,本质上与高程模糊度算法一致,但由于它是通过对高程和相位之间的关系进行拟合,所以计算速度较快。

3.2　形变信息提取

在获取差分干涉图后,相位与形变之间存在着简单的"半波长"关系,即一个整周条纹对应地表雷达视线向半个 SAR 信号波长的形变。经过相位解缠后,可以得到各个像素之间的相对形变。这时需要对研究区域的形变分布有一定的了解,确定无形变区域,并在其中指定一个高相干性的点作为参考点,进而恢复差分干涉图中各像素对应的绝对形变值。

值得指出的是,单轨道 D-InSAR 技术只能量测雷达视线向形变,所以在对结果进行解译时,需要根据形变的类型做出各种假设。例如,在城市沉降研究中,可以假设形变(地表沉降)大部分发生在垂直于地表的方向,这样可以根据雷达入射角简单地将视线向形变投影为地表沉降,从而与水准测量等地面测量手段进行比较。

而在同震形变量测中,这一假设就难以满足要求,特别是走滑型地震,水平位移为形变的主要成分,这时仅凭单轨道差分图就很有可能做出错误的解译,需要升降轨数据的融合及利用 pixel-offset 等技术手段获取方位向形变,进而恢复出地表三维形变场。

3.3　地理编码

通过前面的步骤计算出每个像素对应的地表几何信息后,只是得到了一个在影像坐标系下的点阵图,还需要把各种数据从影像坐标转换到统一的地理坐标系下。将雷达坐标系下的原始数据通过一定的几何校正方法消除由轨道、传感器、地球模型引起的扭曲和畸变,然后变换到某种制图参考系(地图投影)中,以便于人们对获取的地理信息进行理解和判读,这一过程称为 SAR 影像的地理编码。

要弄清楚 SAR 影像的地理编码问题,首先必须了解其数据获取和成像的基本原理。关于 SAR 影像的成像算法,已有很多人做过专门的研究,由于本书的重点并不在此,所以本书通过两幅简图说明 SAR 成像的基本过程并建立起关于 SAR 影像时间坐标系统的概念,在此基础上介绍地理编码算法及其实现步骤。

3.3.1 SAR 影像的数据获取

如图 3-2 所示,SAR 影像的数据获取与一般的光学影像有很大不同。SAR 传感器发出矩形脉冲后,该脉冲与地面目标经过相互作用又返回并被传感器接收和记录。脉冲之间的间隔时间为 PRF 的倒数。SAR 影像的原始数据记录的就是这样的回波信号。原始数据矩阵中的坐标系统是时间,方位向上为卫星运行的时间参考系,又称为长时间,距离向上为一个脉冲的延迟时间,又称为短时间。

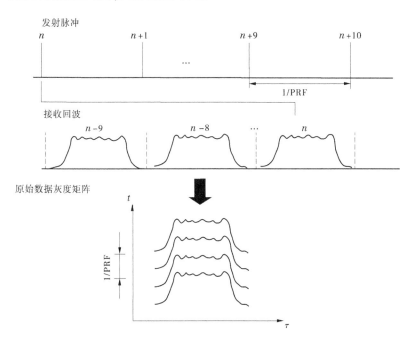

图 3-2 SAR 影像的数据获取过程

3.3.2 SAR 的数字成像技术

SAR 的数字成像技术就是对接收回波信号进行一定的数学运算,还原目标的散射特性,获得灰度与不同散射特性几何分布相对应的可视图像,其实质上是相干叠加的过程。

如图 3-3 所示,在由原始数据到影像数据的成像过程中,相干叠加(也就是积分)的过程是要沿着卫星的飞行轨迹进行的。现在的关键问题是如何在 SAR 影像的时间坐标系统中确定该点回波信号所在位置。由于卫星在成像的过程中是在不断相对于地面目标发生运动的,这就必然会在回波信号中产生多普勒频移。在这一过程中,当卫星从接近地面点到开始远离目标时两者的相对运动垂直于信号传播路线。因此,可以通过对信号的多普勒方程求导建立图像坐标与卫星位置之间的关系。

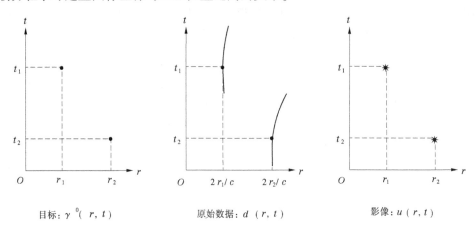

图 3-3　从目标空间到图像空间的转化过程

3.3.3　地理编码技术的实现

SAR 影像的定位问题是建立图像的方位向、距离向坐标系统,即行列坐标到零多普勒时间坐标系统,再到以地球为原点的三维笛卡儿坐标系 (X, Y, Z) 的过程,如图 3-4 所示。

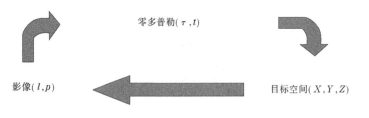

图 3-4　SAR 影像地理编码过程

利用卫星星历表和星载 SAR 回波数据的距离——多普勒参数可以建立上述关系,该方法的主要优点是:不需要在星载 SAR 的视场中使用任何位置确定的参考点,并且与卫星的姿态数据无关。本方法的定位精度主要取决于卫星轨道数据、时间参数的精度,所假设地球模型的有效性、目标距离、多普勒信息的测量精度。

SAR 的成像几何关系和一般的光学影像有很大不同,其侧视成像机制造成影像的几何变形十分复杂,面对传感器的一面存在透视收缩和顶底倒置现象,而背对传感器的一面则常常因为接收不到回波信号而存在阴影,特别是在地形复杂区域,地形对地理编码精度的影响更大。在未由干涉图得到较精确的高程数据前,可以利用外部 DEM 修正球体参数,初步纠正雷达影像的透视收缩和顶底倒置现象,并建立外部 DEM 的高程值与雷达影像的对应关系。

第 4 章　InSAR 技术在沈阳地区地面沉降的应用

随着地下水开采及大型建筑物的密集建造,城市地面沉降问题日益突出。传统地面沉降监测手段以水准测量为主,精度高,但由于地面测量成本较高,量测点数量十分有限,整体分布密度低。InSAR 技术作为沉降监测新技术,其大范围、高精度监测的优势受到了广泛关注。本章以沈阳地区为例,分别基于长、短时间序列 SAR 影像进行沉降信息提取实验研究。依据地面监测结果和地下水开采、大型建筑物分布等资料,对实验结果所反映的沉降分布格局进行了分析评估,并采用水准数据进行了精度验证。

4.1　地区综合概况

4.1.1　地质地貌背景

沈阳市位于辽宁省中部,地处辽河平原和长白山山脉之间,地势平坦,地貌类型以平原为主,地势东高西低,呈现出南北向的倾斜状,是中国东北地区的重要地质构造单元之一。沈阳市地处华北克拉通和东北地块的交界处,是华北克拉通和东北地块的过渡带。该地区的地质构造主要由华北克拉通和东北地块的构造特征所决定。华北克拉通是中国东北地区的主体构造单元,其地质构造特征主要表现为稳定性和平缓性。而东北地块则是中国东北地区的次要构造单元,其地质构造特征主要表现为活跃性和复杂性。沈阳市地区的地质构造特征主要表现为华北克拉通和东北地块的交错和过渡。

沈阳市地貌类型主要分为山地、丘陵、平原和河谷四种类型。山地主要分布在沈阳市的东南部和南部,主要是长白山脉和张广才山脉的支脉。丘陵主要分布在沈阳市的西南部和北部,主要是辽西丘陵和辽北丘陵。平原主要分布在沈阳市的中部和东部,主要是辽河平原和沈阳平原。河谷主要分布在沈阳市的中部和东部,主要是辽河和浑河两条大河流。

沈阳市地质年代主要分为古生代、中生代和新生代 3 个时期。古生代主要是指奥陶纪、志留纪和泥盆纪,主要分布在沈阳市的东南部和南部。中生代主要是指侏罗纪和白垩纪,主要分布在沈阳市的西南部和北部。新生代主要是指第三纪和第四纪,主要分布在沈阳市的中部和东部。

沈阳市地质构造演化主要经历了华北克拉通和东北地块的碰撞与挤压作用,以及地壳的隆升和沉降作用。华北克拉通和东北地块的碰撞及挤压作用主要发生在古生代和中生代时期,形成了沈阳市地区的山地和丘陵。地壳的隆升和沉降作用主要发生在新生代时期,形成了沈阳市地区的平原和河谷。

4.1.2　气象水文情况

沈阳冬季寒冷且干燥,冬季寒期很长,是一种典型的冬季低温天气。夏天是湿热多雨的季节。春天和秋天的温度变化很快,春天是多风的季节,秋天是阳光明媚的季节。年平均温度为 6.2~9.7 ℃,年气温变化范围为−29~36 ℃。沈阳市地下水位随地形梯度的变化,总体上呈现东边高、西边低的特点。其地下水开采总量为 22.14 亿 m³,根据现有的资源和开发技术,可利用的地下水资源仅为 19.34 亿 m³。

4.1.3　地质灾害情况

沈阳市地处阴山东西复杂构造带东延部位,沈阳地区地层主要由黏土、沙砾、圆砾、卵石为主。沈阳市现已有 2 590.12 km² 的易灾区,随着城市规模的扩大、工业园区的大规模兴建和各种用地的大规模建设,将使该区域的易灾率进一步提高。2021 年 7 月,沈阳市连续两天内发生 4 起路面坍塌事件,危及人民的生命安全并造成严重的经济、社会等方面的损失。因此,大力开展沈阳市地表的沉降监测,对于城市的安全运营、稳定发展及可能发生地质灾害区域的防治都具有十分深远的意义。

4.1.4　地铁线路情况

截至目前,沈阳已开通运行的地铁线路有四条(1 号、2 号、9 号、10 号)线路,总里程数达到了 117 km。其中,沈阳地铁 1 号线是沈阳市乃至整个东北地区开通的首条地铁线路。该线路途经五个市辖区,顺利地将沈阳市的开发区、工业区、商业区等连接起来,在沈阳市轨道交通中占据重要的地位,而且沈阳地铁 1 号线还在黎明广场站东增建 6 站,一直延伸到棋盘山站,目前正在修建,还未竣工。

2011 年 12 月沈阳市地铁 2 号线正式开通,该线路贯穿了沈阳市的六大市辖区。其中,地铁 2 号线南延线工作也正在进行,计划一直延伸至沈阳市桃仙机场,共设 8 站,比地铁 1 号线东延线多了 2 站。

沈阳地铁 9 号线整体格局呈 L 形,将地铁 1 号线与 2 号线顺利地连接起来,旅客可以在铁西广场站与奥体中心站完成换乘,同时是沈阳市城市轨道交通系统中的第三条线路。目前,东延线和北延线也在沈阳市政府的远程规划中。

沈阳地铁 9 号线开通一年左右,地铁 10 号线于 2020 年 4 月正式运营,该线路整体格局同样呈 L 形,并与 9 号线组成了环形线路,顺利地将沈阳市四条地铁线路连接起来,构成了地铁线路网。此外,沈阳地铁 3、5、6、7、11 号线正在规划建设中,相信将来的投入使用,一定会带给市民极大的出行便利。本次试验研究区域内的 1 号线、2 号线、9 号线、10 号线 4 条地铁线路的分布及走向如附图 1 所示。

4.2　地面沉降观测概述

沈阳地面沉降现象早在几十年前就被发现,随着城市的发展和建设,地面沉降问题逐渐加剧,成为沈阳市面临的重要环境问题之一。沈阳地面沉降的发展具有显著的阶段性:1921—1965 年为地面沉降失控的快速沉降时期,其间历经沉降明显(1921—1948 年)、沉降加快(1949—1956 年)、沉降剧烈(1957—1961 年)、沉降缓和(1962—1965 年)等几个阶段。从 1966 年开始为控制地面沉降后的缓慢沉降时期,其间经历了微量回弹(1966—1971 年)、微量沉降(1972—1989 年)、沉降加速(1990—2000 年)、沉降平期(2001—2005 年)等几个阶段。

在此背景下,沈阳市政府成立了专门的地面沉降研究机构,对沈阳市区的地面沉降进行了系统的调查和研究。经过多年的努力,研究人员发现,沈阳市区的地面沉降主要是由于地下水开采、地下管线施工、地铁建设等人类活动所引起的。

为了解决地面沉降问题,沈阳市政府采取了一系列措施,包括加强地下水管理、优化地下管线布局、改善地铁建设等。同时,研究人员还开展了一系列科学研究,探索地面沉降的成因和机制,为解决地面沉降问题提供了科学依据。

沈阳市的地面沉降研究开始于 20 世纪 60 年代,沈阳市为进行地面沉降调查,开始系统地建立地下水动态监测网,兴建或利用已有地面水准点进行地面沉降监测,逐步建立基岩标、分层标,监测不同土层的变形特征。“九五”期间,沈阳市初步建立了地面沉降监测网络。目前,地面沉降监测网络已经覆盖了全市大部分范围,形成了由地面沉降监测站、市区地面水准点监测网、区域 GPS 地面沉降监测网及区域地下水动态监测网组成的动态监测网络。截至目前,沈阳市地面沉降监测的技术和方法多种多样,从空间布局上分为地下和地表两种。

4.3　主要监测手段评价

结合 PS-InSAR 技术和早期的 D-InSAR 技术,目前的地面沉降监测技术主要有精细测量(如应用基岩标和分层标的测量)、水准测量、GPS 测量、D-InSAR 和 PS-InSAR。从观测方式比较,精细测量是单点测量,水准测量、GPS 测量是单点或网络测量,D-InSAR 是基于面的测量,而 PS-InSAR 是网络测量;从观测范围比较,精细测量、水准测量和 GPS 测量取决于设点或网的范围,而对于 D-InSAR 和 PS-InSAR 来说,主要取决于卫星行扫描的幅宽(一个标准景影像约覆盖 100 km×100 km 的面积)。从空间采样率比较,精细测量每次只能取一个样本,水准测量和 GPS 测量每次可以取 10~100 个样本,而 D-InSAR 和 PS-InSAR 都可以取到大于 1×10^4 个样本;从测量精度比较,精细测量的监测精度最高达到 $10^{-5} \sim 10^{-4}$ m,水准测量与 GPS 测量相似,但水准测量精度约 12 mm,普遍大于 GPS 测量精度(平均 6~10 mm),D-InSAR 的测量精度在厘米级,PS-InSAR 的测量精度在毫米级;从时间采样率上比较,精细测量、水准测量、GPS 测量可以进行连续的观测和测量,但观测时间的长短与测量成本成正比,D-InSAR 和 PS-InSAR 的时间采样率与传感器的访问周期有关。随着越来越高访问频率传感器的出现,现在传感器的重复访问周期基本保证在 11 d 到 1 个月左右,满足了 1 个月的监测频率;从测量成本上比较,精细测量、水准测量、GPS 测量需要耗费大量的人力和物力。

4.4　数据介绍

4.4.1　卫星数据

Sentinel 系列卫星是由欧洲航天局研究人员组织发射的,其目的是解决对地观测的科学难题,其中包含很多类别的卫星。Sentinel-1 是由 1A 和 1B 卫星构成的,其中 Sentinel-1A 于 2014 年 4 月成功发射,2016 年 4 月,Sentinel-1B 也成功发射。其所组成的双星座卫星,构成了白天与黑夜都可成像的卫星系统,成功地把每颗卫星的重新访问时间从 12 d 减少到 6 d,重新访问的时间减少了一半,不仅提高了监测效率,还提升了精度。由于没有完全覆盖沈阳地区的 Sentinel-1A 影像,本次选用了 Sentinel-1B 数据。该卫星主要有 4 种成像模式,在 IW 模式下的 SAR 数据中,主要有 HH+VH、VV+VH、HH、VH、VV 等多种极化模式,进行地表探测时一般采用同极化方式的影像,本书用的极化方式为 VV 极化。

4.4.2　DEM 数据

目前,免费的数字高程数据已有多种,常用的 DEM 有 GTOPO30、SRTM、ASTER GDEM 等。其中,SRTM 数据由于具有较高的分辨率和良好的数据质量,得到了研究人员的广泛使用。SRTM 数据是由美国航空局和国防部共同测量的,其全称是 Shuttle Radar Topography Mission,并且该数据于 2003 年对外免费开放。目前,SRTM DEM 数据可分为 SRTM1 和 SRTM3 数据,二者的精度不同,前者可达到 30 m 的分辨率,而后者可达到 90 m 的分辨率。由于只有在美国才能获取 SRTM1 数据,所以在 InSAR 处理中,多采用 SRTM3 数据。该数据可以在网站中下载,也可通过 ENVI SARscape 平台中自带的 DEM 下载工具获取。本书实验使用其分辨率精度为 90 m 的 SRTM3 DEM 数据。

4.4.3　其他数据

谷歌地图共有 22 个等级,每一级的比例不同,影像清晰度也不同,级别越高的影像,分辨率就越高。所以,研究人员可按照自己的需求在谷歌地球上合理选择适合的比例层级,进行下载。本书使用 12 层级的谷歌地图影像作为底图与形变结果进行叠加,以便于查看监测点的形变信息。

4.4.4　实验数据

本章使用从欧洲航天局网站上免费下载得到的 2020 年 1 月至 2021 年 12 月共计 700 多大时间内,相邻影像获取时间间隔为 30 d 左右,覆盖沈阳市主城区的 24 景 Sentinel-1B 降轨(卫星沿轨道由北向南飞行)影像,实验数据参数如表 4-1 所示。

表 4-1 实验数据参数

参数	数值
卫星	Sentinel-1B
轨道	降轨
波段	C
波长/cm	5.6
分辨率/(m×m)	5×20
重放周期/d	12
入射角/(°)	43.87
影像时间	2020 年 1 月至 2021 年 12 月
在轨时间	2016 年至今
轨道高度/km	693
影像数量/景	24
谷歌影像	12 级
DEM	90 m
坐标系统	WGS-84
极化方式	VV
隶属机构/国家	欧洲航天局

地表形变在世界各地普遍存在,而城市地表形变对生产和人民生活的影响最大。本章将选取沈阳市主城区为研究对象,获取了沈阳市城区地铁沿线的形变监测结果,同时对

该地区的变形情况及其分布特点进行了研究,为该地区的城市规划、防灾减灾等工作提供了参考。

4.5　基于 SBAS-InSAR 技术的沈阳市地表形变监测

本章基于 SBAS-InSAR 技术,采用干涉宽幅模式(IW)的 24 景 Sentinel-1B 卫星数据,获取沈阳市 2020 年 1 月至 2021 年 12 月的地面沉降情况,并提取地铁沿线的形变速率。利用 ENVI5.6 中的 SARscape 平台,通过 SBAS 工具进行数据处理。SBAS-InSAR 技术实验操作流程如图 4-1 所示。

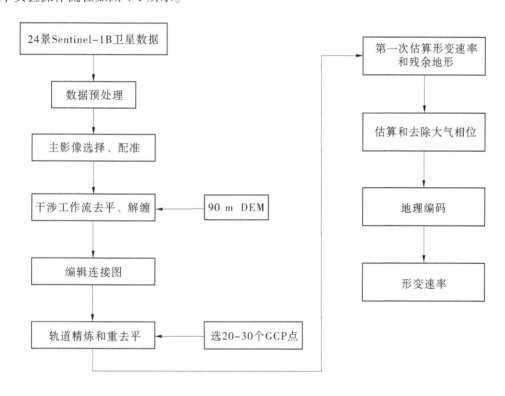

图 4-1　SBAS-InSAR 技术实验操作流程

4.6　SBAS-InSAR 技术的沉降监测方法

SBAS-InSAR 技术的沉降监测方法如下:

(1)数据预处理。将原始数据转化为 SARscape 标准数据格式,再通过导入研究区的 shp 文件,将范围过大的 Sentinel-1B 数据,裁剪出实验所用的区域。

(2)生成连接图。这一步进行基线估算,主图像可由程序手动或自动选择,其余的影像对将与超级主影像配对,形成足够的像对,并生成时间基线连接图和空间基线连接图。

（3）干涉处理。为了进一步提高监测的精度，本书在干涉处理过程中选择了精确度为 90 m 的 DEM 数据进行配准、去平、滤波和相位解缠等操作。

（4）轨道精练及重去平。在 SBAS 处理中，利用 GCP 点对所有数据对进行重去平，在数据对中需要选取一对结果较好的用于选择控制点的数据。建议至少选择 20～30 个 GCP 点。

（5）形变结果反演。该方法需通过两次反演方可得到最终的位移结果。

4.7　SBAS-InSAR 实验结果分析

4.7.1　整体沉降格局分析

SBAS 沈阳市形变速率见附图 2。

由附图 2 可以看出，2020 年 1 月 20 日至 2021 年 12 月 16 日，沈阳市年平均形变速率为 -49～20 mm/a，主要沉降部分大都集中在沈阳市中心主城区附近。整体地表形变量不大，但形变却不均匀，有些区域的形变明显小于其他区域，说明地表形变是由不同的原因引起的。此外，这些形变也并未出现严重沉降漏斗现象。

4.7.2　整体地铁线路分析

为了更直观地反映地铁沿线的沉降速率，实验提取了沈阳市 4 条地铁沿线 800 m 缓冲区范围的 SBAS 监测结果进行研究。经过 SBAS-InSAR 技术流程处理，在地理编码后，利用 ArcGIS 将每条地铁线路的周围 800 m 设定为缓冲区域，并添加其矢量 shp 在形变图中进行剪裁，最终提取出整个地铁沿线缓冲区域的形变速率（见附图 3）。

由附图 3 可以看出，2020 年 1 月 20 日至 2021 年 12 月 16 日，整个地铁线路的形变速率为 -24～10 mm/a；其中大部分区域的沉降范围集中在 -5～5 mm/a；整体上看 4 条地铁线路沉降速率相对稳定。

4.7.3　地铁 1 号线监测情况

本案例提取了地铁 1 号线沿线 800 m 缓冲区的 SBAS 监测结果，其形变速率如附图 4 所示。

地铁 1 号线为东西走向。2020 年 1 月 20 日至 2021 年 12 月 16 日，沈阳市地铁 1 号线形变速率最大值为 6 mm/a，最小值为 -7 mm/a，抬升点与沉降点的最大差值为 13 mm/a。整体上看，从十三号街站到张士站整体呈现抬升趋势，为 0～6 mm/a；从张士站到太原街站，地铁线路比较平稳，没有出现大幅度的波动，为 -3～0 mm/a；从太原街站到黎明广场站，整体出现了连续的沉降现象，为 -7～-3 mm/a。地铁 1 号线整体上呈现三段式，表现为西高东低中间平稳状态，但是波动幅度不大，从结果看，整个沈阳市地铁 1 号线形变趋势基本稳定。

　　为了使分析更为具体,本案例在青年大街站附近选取了 4 个实验点,在十三号街站附近选取了 3 个实验点,各点详细信息如表 4-2、图 4-2 所示。

表 4-2　实验点位置信息

点号	经度	纬度
S1	123.427°E	41.790°N
S2	123.429°E	41.789°N
S3	123.431°E	41.791°N
S4	123.442°E	41.787°N
P1	123.224°E	41.764°N
P2	123.332°E	41.760°N
P3	123.234°E	41.762°N

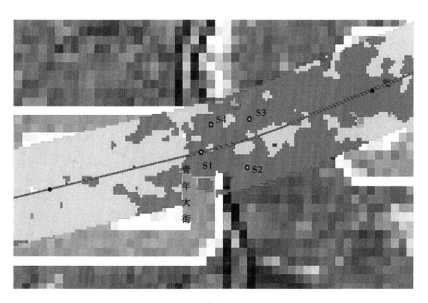

(a)

图 4-2　实验点位置图

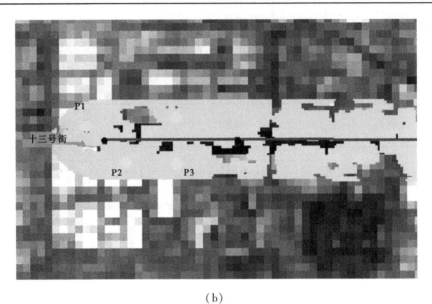

（b）

续图 4-2

由图 4-3 可以得知,在青年大街站附近选取的 4 个典型点中,S1 点 2021 年 12 月 16 日累积形变量达 -8.29 mm,S2 点在同时间达 -6.28 mm,S3 点达 -8.08 mm,S4 点达 -7.06 mm。4 个实验点在 2020 年 1 月 20 日至 2021 年 12 月 16 日,中间部分月份有出现轻微抬升趋势,其中 S3 点的波动较大,最大累积沉降量为 -9.11 mm,但整体均呈现沉降趋势,与

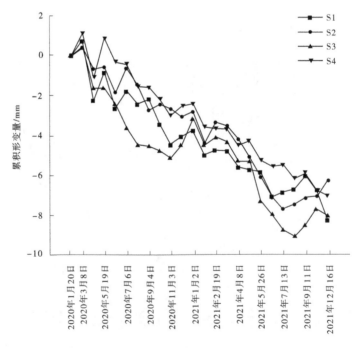

图 4-3　青年大街点时序监测结果

实际相符。监测点位于青年大街站附近,可以推测,该站是地铁 1 号线与 2 号线的中转站,人口密集、建筑物密度大,地面负载大,均是可能造成该地区沉降的主要原因,后续应重点对该区域地表形变进行监测。

由图 4-4 可知,在十三号街站附近选取的 3 个典型点中,P1 点在 2021 年 12 月 16 日累积形变量可达 4.65 mm,P2 点在同时间内累积形变量可达 4.66 mm,P3 点累积形变量可达 4.97 mm。3 个实验点在 2020 年 1 月 20 日至 2021 年 12 月 16 日,中间部分月份有出现少许沉降趋势,其中 P1 点在 2020 年 4 月 25 日出现较大的波动,抬升到 3.41 mm,P2 点在 2020 年 8 月 11 日至 2020 年 9 月 4 日,累积形变量由 0.64 mm 抬升到 3.12 mm,波动较大,并在 2021 年 10 月 29 日达到最大抬升量 5.10 mm。其余月份波动较小,但从整体上看,3 个实验点均呈现抬升趋势。经查阅资料发现,该区域属于沈阳的经济开发区,人口密度相对较低,地下水资源良好,应是形成该趋势的重要因素。

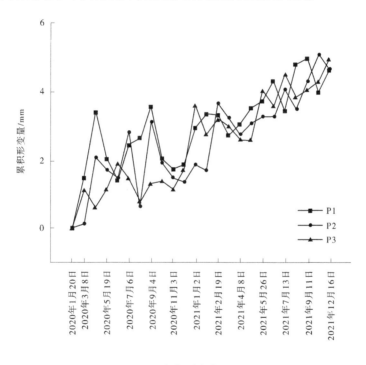

图 4-4　P 各点时序监测结果

上述内容是基于点状特征分析,以下进行线状特征分析,需要将地铁 1 号线的 SBAS 结果在 ArcGIS 软件中打开,然后基于 SBAS 的栅格结果使用 3D Analyst 工具进行剖面分析,得到地铁 1 号线沈阳站到中街站的沉降值曲线图。其剖面位置和中心线形变速率剖面图如图 4-5、图 4-6 所示。

以缓冲区内 SBAS 形变结果的地铁中心线为剖面线,并在中心线中提取形变点在距离上的形变结果。从图 4-6 中可以看出,沈阳站到中街站的平均形变速率在 -1.5 ~ -6 mm/a,而整体平均形变速率值约为 -3.5 mm。最大平均形变速率 -6 mm/a,发生在离起

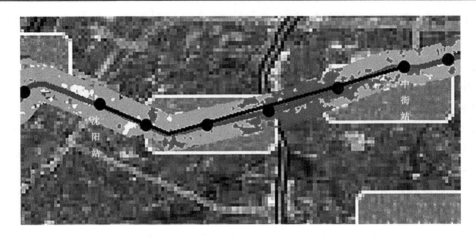

图 4-5　地铁 1 号线部分剖面位置

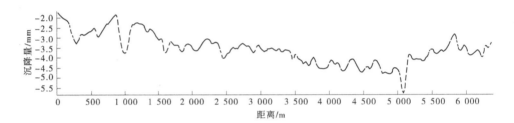

图 4-6　沈阳站-中街站中心线形变速率剖面图

点沈阳站大约 5 200 m 处青年大街站附近,之后形变速率有所减小,该结果与点状的分析结果一致。其中,在距离原点约 1 000 m、5 200 m 处出现较大的速率波动,其余形变速率均较稳定。

4.7.4　地铁 2 号线沿线监测情况

本次实验提取了地铁 2 号线沿线 800 m 缓冲区的 SBAS 监测结果,其形变速率如附图 5 所示,结果显示:

在 2020 年 1 月 20 日至 2021 年 12 月 16 日,沈阳市地铁 2 号线没有出现大幅度的形变,其平均速率的最大值为 4 mm/a,最小值为-10 mm/a。与 1 号线相比,沉降幅度最大值增加了 3 mm,抬升幅度减小了 2 mm,并且与地铁 1 号线不同的是,沈阳市地铁 2 号线没有出现 1 号线的三段式,而是大部分区域呈现小幅度沉降,为-5~0 mm/a;其中主要沉降区域发生在青年大街站和沈阳北站附近,这两站都是中转站,平时人流量密集;在蒲田路与蒲河路之间也有部分区域出现沉降,为-10~-5 mm/a;在辽宁大学和沈阳航空航天大学之间出现一些不均匀抬升区域;在工业展览馆站与市图书馆站之间则出现一些均匀的抬升现象;在接近地铁 2 号线终点的世纪大厦站周围也出现一些抬升区域,为 0~4 mm/a。总体上看,地铁 2 号线大部分站点及周围呈现小幅度沉降,该线路可以安全稳定运营。

为了更详细地分析地铁 2 号线的形变情况,将 2 号线部分区域从三台子站到市图书馆站进行了剖面分析,其剖面位置与中心线形变速率剖面图如图 4-7、图 4-8 所示。

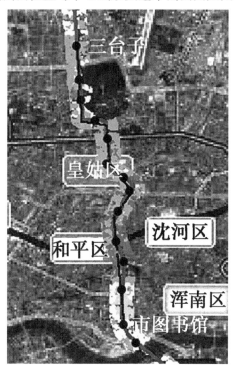

图 4-7　地铁 2 号线部分剖面位置

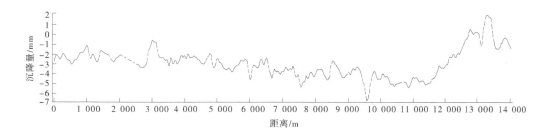

图 4-8　三台子站—市图书馆站中心线形变速率剖面图

从图 4-8 中可以看出,三台子站到市图书馆站的平均形变速率在-7~2 mm/a。其中,最大平均形变速率-7 mm/a,发生在距离三台子站约 9 500 m 处。在离起点约 11 000 m 以内,形变速率大多集中在-2 mm/a 以下,而超过 11 000 m 后,形变速率开始出现由沉降缓慢转为抬升,最大抬升速率为 2 mm/a,发生在距离起点约 13 500 m 处,大致发生在市图书馆站和工业展览馆站之间,该结果也与点状的分析结果相符。

由附图 6 可以直观地看出 2020 年 1 月 20 日至 2021 年 12 月 16 日地表形变变化程度。2021 年 3 月 15 日、2021 年 5 月 2 日、2021 年 6 月 19 日、2021 年 8 月 6 日、2021 年 10 月 29 日沉降量变化较明显,其他时间段较平稳。

4.7.5　地铁 9、10 号线沿线监测情况

2020 年 1 月 20 日至 2021 年 12 月 16 日期间,通过附图 7 可以看出,9 号线有一块空白区域,位于大通湖站到曹仲站之间,10 号线位于长青南街站到长青街站之间。对比沈阳市地图发现该区域位于浑河两岸,再加上植被覆盖率高造成影像失相干现象,从而造成该区域没有监测到 SBAS 结果。

在此期间,沈阳市地铁 9 号线与 10 号线的年平均形变速率最大值为 10 mm/a,最小值为 -25 mm/a。从附图 7 中可以看出,在大通湖站等个别站点附近出现较大的沉降现象,其大部分区域形变速率为 -5~0 mm/a,整体呈现稳定状态,几乎没有太大变化,少部分区域出现少许的沉降或抬升。

4.8　PS-InSAR 实验结果分析

4.8.1　整体地铁线路分析

为了更直观地反映地铁沿线的沉降速率,本案例同样将沈阳市 4 条地铁沿线 800 m 设置为缓冲区,将其形变结果单独提取出来进行研究。经处理后得到整个地铁形变速率图(见附图 8)。

2020 年 1 月 20 日至 2021 年 12 月 16 日,整个地铁线路的形变速率为 -20~10 mm/a;其中最大形变速率为 -20 mm/a,与 SBAS 结果相差了 5 mm/a;其中形变速率为 -5~5 mm/a 的 PS 点有 157 334 个,占总体的 98.83%。因此可以看出,沈阳市地铁线路在该期间形变不明显,变化很小。

为了清晰地展示出地铁沿线的形变速率情况,将 4 条地铁沿线 800 m 范围内 PS 点提取出来。整个地铁沿线缓冲区一共提取了 167 109 个 PS 点,其沉降速率大于 3 mm/a 的有 3 077 个,占整体的 1.78%(见图 4-3)。

表 4-3　地铁沿线 800 m 内 PS 点分布情况

地铁线路	PS 点总量	沉降速率>3 mm/a	占比/%
1 号线	45 901	342	0.75
2 号线	44 128	1 158	2.62
9、10 号线	77 080	1 577	2.05

由表 4-3 可以看出,地铁 1 号线在 2020 年 1 月 20 日至 2021 年 12 月 16 日期间沉降速率大于 3 mm/a 的点有 342 个,占该线路总体的 0.75%;地铁 2 号线有 1 158 个,占该线路总体的 2.62%。从结果中可以看出,沈阳市地铁 2 号线相比于 1 号线形变大一些。

4.8.2　地铁 1 号线监测情况

本次提取了 2020 年 1 月 20 日至 2021 年 12 月 16 日期间地铁 1 号线沿线 800 m 缓冲区内的 PS 点,并绘制了形变速率图(见附图 9)。从附图 9 中可以看出,地铁 1 号线的形变速率的最大值为 6 mm/a,最小值为 -6 mm/a,其中最小值与 SBAS 方法监测结果相差 1 mm/a。青年大街站附近的沉降仍很明显,其中十三号街站到张士站之间出现抬升趋势,与 SBAS 方法的监测结果非常接近。从图 4-9 中可以清晰地看出,地铁 1 号线沿线的集中形变速率在 -2～2 mm/a,其部分抬升速率集中在 4 mm/a 上下。

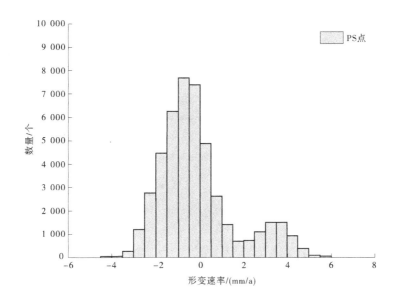

图 4-9　地铁 1 号线形变速率分布直方图

基于上文 SBAS 的分析结果,本章采用 PS 技术对十三号街站、七号街站、张士站、铁西广场站、南市场站、青年大街站提取了各站的形变序列。各站时序累积沉降量如图 4-10 所示。

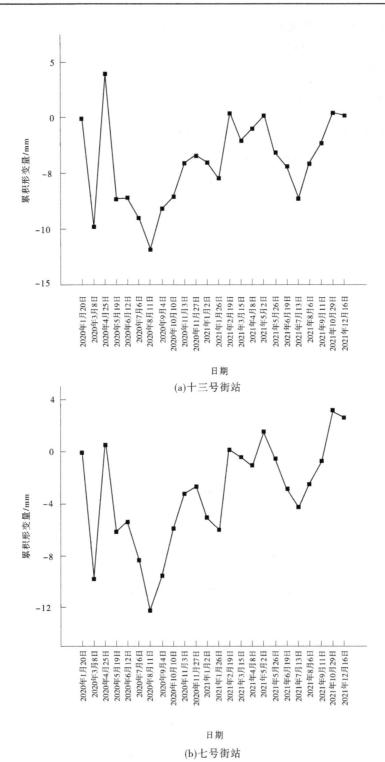

(a)十三号街站

(b)七号街站

图 4-10　特征点时序累积沉降量

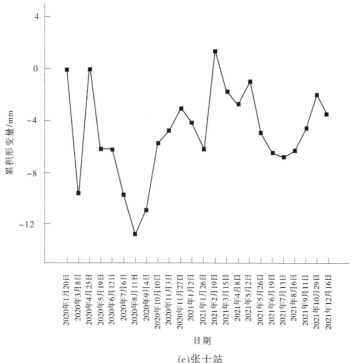

(c)张士站

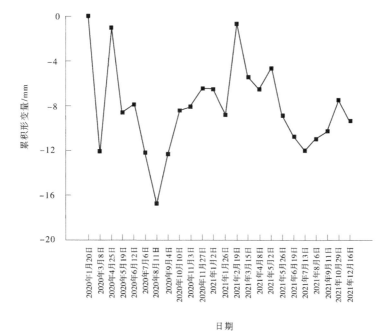

(d)铁西广场站

续图 4-10

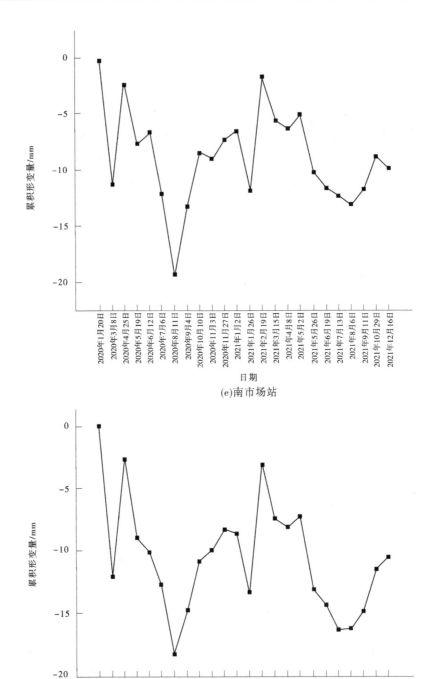

(e)南市场站

(f)青年大街站

续图 4-10

将图 4-10(a)~(f)分为两组,其中十三号街站、七号街站为一组(抬升站点);张士站、铁西广场站、南市场站、青年大街站为一组(沉降站点)。由于监测开始日期为 2020 年 1 月 20 日,将所有该时期的形变量视为 0,从图 4-10 中可以看出:十三号街站,在 2020 年 8 月 11 日发生最大累积沉降量,为-11.71 mm,其间伴有轻微的浮动,到 2021 年 12 月 16 日累积形变量为 0.21 mm;七号街站同样在 2020 年 8 月 11 日出现最大累积沉降量,为 -12.4 mm,之后开始有缓慢抬升,到 2021 年 12 月 16 日,累计形变量为 2.6 mm。可以看出,在十三号街站和七号街站最终的形变均很小,说明该区域地表稳定,与上一章的分析结果非常相近。其余 4 站均出现相对较大的形变量,在每年 8 月铁西广场站、南市场站、青年大街站累积沉降量均可达-10.91 mm 以上。其中,南市场站在 2020 年 8 月 11 日最大累积沉降量达-19.2 mm,但其他月份沉降趋势并不明显,还伴有轻微的抬升,截止到 2021 年 12 月 16 日,张士站累积形变量为-3.5 mm;铁西广场站累积形变量为-9.31 mm;南市场站累积形变量为-9.9 mm;青年大街站累积形变量为-10.4 mm。从结果看,铁西广场站、青年大街站、南市场站沉降量相对较大。

4.8.3　地铁 2 号线沿线监测情况

2020 年 1 月 20 日至 2021 年 12 月 16 日,地铁 2 号线的 PS 点平均形变速率的最大值为 6 mm/a,最小值为-7 mm/a,其最小值与最大值相差 13 mm/a。结果显示,地铁 2 号线在工业展览馆站、市图书馆站、世纪大厦站附近均出现抬升趋势,监测结果与 SBAS 结果又极为相近。从图 4-11 中可以清晰地看出,地铁 2 号线形变速率集中在-2~4 mm/a,形变趋势明显的区域没有出现大范围的集中。

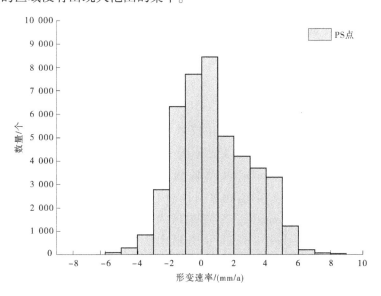

图 4-11　地铁 2 号线形变速率分布直方图

2020 年 1 月 20 日至 2021 年 12 月 16 日,PS 地铁 2 号线形变时间序列如附图 11 所示。

4.8.4　地铁 9 号线、10 号线沿线监测情况

从 PS 的监测结果可以明显看出,PS 监测点分布非常稀疏,几乎没有。出现该现象是因为该区域含有水体,且岸边植被覆盖度比较高,造成永久散射体个数较少,与 SBAS 监测结果一致。

2020 年 1 月 20 日至 2021 年 12 月 16 日,沈阳市地铁 9 号线、10 号线 PS 点平均形变速率为 -20~10 mm/a(见附图 12);其中在建筑大学站、长青街站、张沙布站附近发生轻微的抬升。从图 4-12 中可以看出,-2~2 mm/a 是地铁 9 号线、10 号线的形变集中范围。

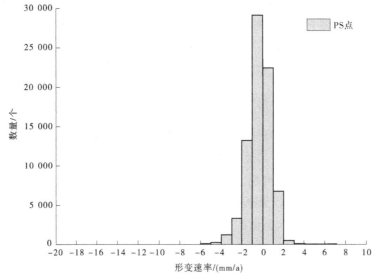

图 4-12　地铁 9 号线、10 号线形变速率分布直方图

4.8.5　实验结果对比分析

本章基于 PS-InSAR 和 SBAS-InSAR 技术对沈阳市主城区及地铁沿线进行形变监测,将二者的结果进行对比分析,从形变速率图中可以看出,SBAS 技术监测结果为沈阳市主城区的形变速率为 -49~20 mm/a,而 PS 监测结果为沈阳市主城区的形变速率为 -38~20 mm/a,与前者最大沉降速率相比,相差 -11 mm/a;地铁 1 号线,SBAS 监测结果为 -7~6 mm/a,PS 监测结果为 -6~6 mm/a,二者结果极为接近;地铁 2 号线,SBAS 监测结果为 -10~4 mm/a,PS 监测结果为 -7~6 mm/a,其最大抬升及最大沉降速率 PS 监测结果与 SBAS 结果均相差 3 mm/a 以内;地铁 9 号线、10 号线 SBAS 监测结果为 -25~10 mm/a,PS 监测结果为 -20~10 mm/a,二者最大沉降速率相差 5 mm/a。从整体监测结果中可以看出,虽然在沈阳市主城区的形变速率上监测结果相差较大,但也在合理的误差范围内。而在其中提取的地铁沿线的形变速率上,二者结果具有高度的一致性,可以充分证明 PS-InSAR 和 SBAS-InSAR 技术在监测地铁形变方面是可靠的。

4.9　形变因素分析

据众多学者的不断研究分析,认为可以引起地表形变的因素有很多,如地质构造条件、地面荷载、人口流动、地下水开采、气象水文等,由于数据有限,本书只收集和结合了 2019—2020 年沈阳市的年均降水量进行分析。从图 4-13 可以看出,降水量主要集中在 6—9 月,其中 7 月、8 月为汛期,7 月降水量最大,达到了 168.4 mm,8 月也达到了 155.1 mm。沈阳市 2020 年降水总量为 680.4 mm,其中汛期降水量占全年降水量的 47.5%。

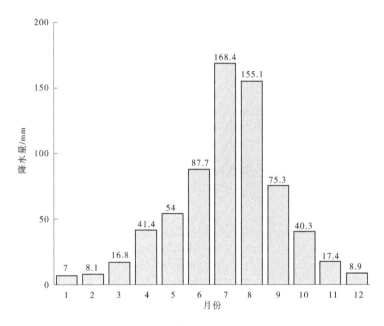

图 4-13　2020 年沈阳市每月降水量

为了更直观地展示出时序 InSAR 形变结果与降水量之间的关系,将时序结果叠加到沈阳市降水量上(见图 4-14)。从图 4-14 中可以明显看出,在降水量比较集中的 6 月、7 月、8 月、9 月,青年大街站与南市场站的沉降量明显增加,其中在 2020 年 8 月 11 日,该站点的沉降量最大,青年大街站达到-18.1 mm;南市场站为-19.2 mm。而在其他降水量比较分散的月份,这两个站点的形变量相对较小。可以初步判定降水量与地铁沿线沉降位移呈正相关。考虑到降水量可能还会引起地表水位及地下水位变化,所以不难得出,降水量是可以引起地表形变速率变化的因素之一。

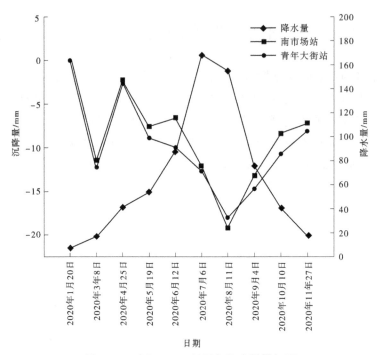

图 4-14　时序 InSAR 结果与降水量叠加图

第 5 章　InSAR 技术在水库大坝 变形监测中的应用

大伙房水库是中华人民共和国成立后"一五"规划中修建的第一个大(1)型水库,水库水质为Ⅱ类水。为了解决水资源短缺问题,国家于 2001 年和 2005 年先后批复了大伙房输水一期、二期工程,目前是沈阳、抚顺等下游城市居民生活用水、灌溉用水、工业用水的重要水源地。本章使用 InSAR 技术对大伙房大坝形变进行监测,将 InSAR 技术处理获得的大坝形变量与大坝实测形变量进行比较,并对 InSAR 技术适用于大坝形变可靠性进行分析,最后对影响大坝变形的因素进行研究分析。

5.1　大伙房库区概况

大伙房大坝修建在辽宁抚顺浑河上,为黏土心墙土坝,距抚顺市 18 km。其建成后的蓄水总库容为 22.68 亿 m^3,控制流域面积 5 437 km^2。水库水面最窄 0.3 km,最宽 4 km,水深最大为 37 m。水库正常蓄水位为 131.5 m,防洪高水位为 135.58 m,正常蓄水位库容为 14.30×10^8 m^3,装机容量为 3.2 万 kW。

5.2　数据介绍

5.2.1　哨兵卫星数据

Sentinel-1 是欧洲航天局发射的一组卫星,包含 Sentinel-1A 和 Sentinel-1B,主要用来监测地表形变。2014 年 4 月 3 日,Sentinel-1A 卫星在法属圭亚那成功发射。经过一年多的不断调试,Sentinel-1A 卫星可获取重访周期为 12 d 的对地球观测影像。2016 年 4 月 25 日,Sentinel-1B 卫星成功发射,将重访周期缩短一半,极大地提高了观测地表相同区域位置的频率。Sentinel-1B 卫星也携带 C 波段合成孔径雷达。C 波段的波长处于 L 波段与 X 波段之间,该波段可以探测地物表面信息性能且拥有极强的穿透性能,可以广泛应用于地表形变监测与灾害监测等方面。Sentinel-1A 工作模式如表 5-1、图 5-1 所示。

Sentinel-1 卫星数据共有三个级别,分为 level-0、level-1 与 level-2。其中,level-0 为原始数据,level-1 与 level-2 产品均由 level-0 级产品处理得到。Level-1 数据拥有几何校正、地理参考和时间参考等信息,Level-1 数据包含单视复数影像(SLC)和地距影像(GRD)两种形式。SLC 数据能获得相位和振幅信息,相位信息是时间函数,依据相位信息和速度可用于测距和形变观测,该数据主要应用于 D-InSAR 技术。GRD 数据有多视强度数据,其与后向散射系数有关,该数据多用于土壤水分反演。Level-2 级产品主要有海洋风场、膨胀波谱以及表面径向速度等。

表 5-1　Sentinel-1 四种成像模式

工作模式	条带成像(SM)	干涉宽幅(IW)	超宽幅模式(EM)	波模式(WV)
宽幅/km	80	250	400	20×20
分辨率/m	5×5	5×20	20×40	5×5
极化方式	HH+HV、VV+VH、HH、VV	HH+HV、VV+VH、HH、VV	HH+HV、VV+VH、HH、VV	HH、VV
特点	分辨率高、入射角可选	大范围覆盖、中等分辨率	分辨率相对低	不同入射角可切换
主要应用	主要用于紧急事件和应急管理	主要应用于对地观测	主要用于大范围海岸监测	主要用于获取海洋要素

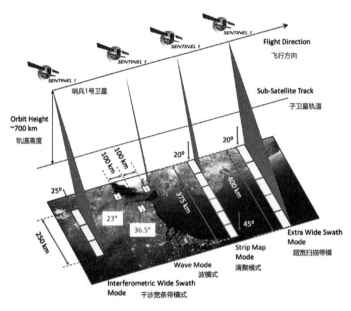

图 5-1　Sentinel-1 工作模式

5.2.2　SRTM DEM 数据

2000 年 2 月,美国国家图像与测绘局和航天航空局使用配备 SRTM 系统的航天飞机,获取了地球北纬 60°至南纬 56°的雷达图像数据。经过两年多的数据处理,将获得的雷达图像数据制作成数字地面高程模型(DEM),即 SRTM DEM。SRTM DEM 以 EGM96、WGS84 为高程基准。按照不同的分辨率将 SRTM DEM 分为二种,分别为 SRTM1 DEM(30 m)、SRTM3 DEM(90 m)。本书使用 30 m 分辨率 DEM 数据。覆盖研究区域 DEM 如附图 13 所示。

DEM 数据在 InSAR 处理中一般使用于第二步配准主副影像、后续的去平地效应及最后一步的地理编码过程中,其作用主要是消除地形相位的影响。

5.2.3　POD 精密定轨星历数据

在雷达数据处理中，卫星的精密轨道数据是消除地形位移影响的关键。利用精密轨道数据校正轨道系统误差，能得到更精准的沉降变形结果。Sentinel－1 提供了以下两种轨道数据：

（1）POD 回归轨道数据：是卫星轨道精度较高的数据，其轨道数据文件生成时间较快，在卫星影像数据拍摄 3 h 后得到。其轨道数据精度高于 10 cm。

（2）POD 精密定轨星历数据：是精度更高的轨道数据，其轨道数据文件生成时间较慢，在卫星影像数据拍摄 21 d 之后才能得到。每个轨道数据文件共包括 26 h 的轨道信息。其轨道数据精度高于 5 cm。

由于研究长时间序列的形变监测，地形误差需要更精确去除轨道数据，所以本书采用POD 精密定轨星历数据。

5.3　大伙房大坝形变结果分析

本章主要分析内容是大伙房大坝上游水位对大坝形变的影响。由于防洪、防汛、灌溉等原因，我国大坝上游蓄水位变化都有一定的规律。当气温从高到低进入冬季时，大坝蓄水量最大，在从冬季到夏季的过程中，为了满足汛期防汛要求，水库水位降低，夏季大坝上游蓄水量达到最小值。为了获得大伙房大坝上游水位信息，本书实验通过大伙房大坝的水位观测尺对水位变化进行记录。

表 5-2　2018—2020 年大伙房水库平均水位　　　　　　单位：m

月份	2018 年	2019 年	2020 年
1	123.17	127.71	123.9
2	122.92	128.22	122.25
3	122.16	128.19	121.95
4	123.01	127.27	123.86
5	123.84	125.06	123.92
6	122.22	121.87	123.17
7	121.06	119.8	119.8
8	119.61	123.24	121.99
9	121.33	127.87	131.33
10	123.58	127.82	131.79
11	125.47	126.63	131.25
12	126.82	125.37	130.75

基于观测得到的 2018—2020 年大伙房水库平均水位，使用大坝垂直沉降方向的 C1 点、C2 点、C3 点、C4 点、C5 点、C6 点，得到大伙房水库大坝形变与大坝上游水位的关系（见图 5-2）。

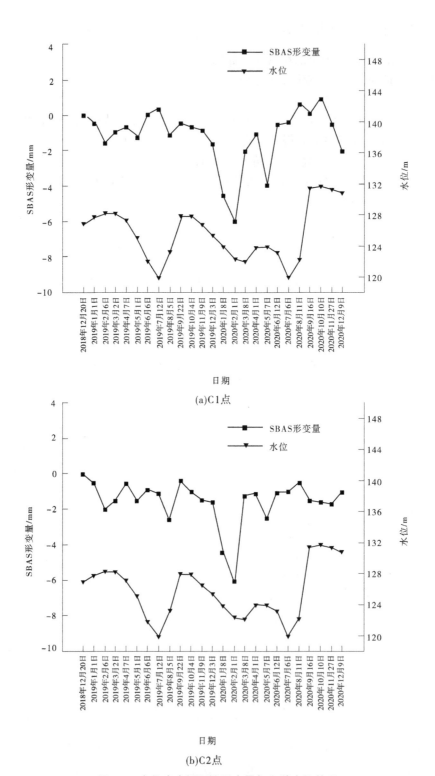

(a)C1点

(b)C2点

图 5-2　大伙房大坝沉降形变量与上游水位关系

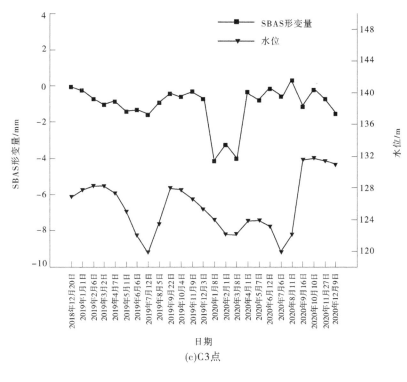

(c)C3 点

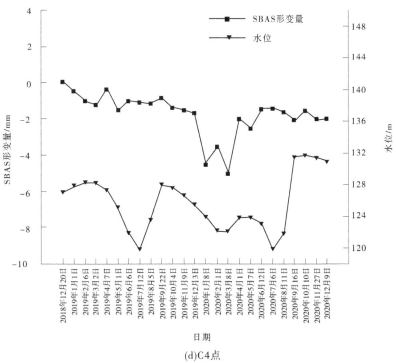

(d)C4 点

续图 5-2

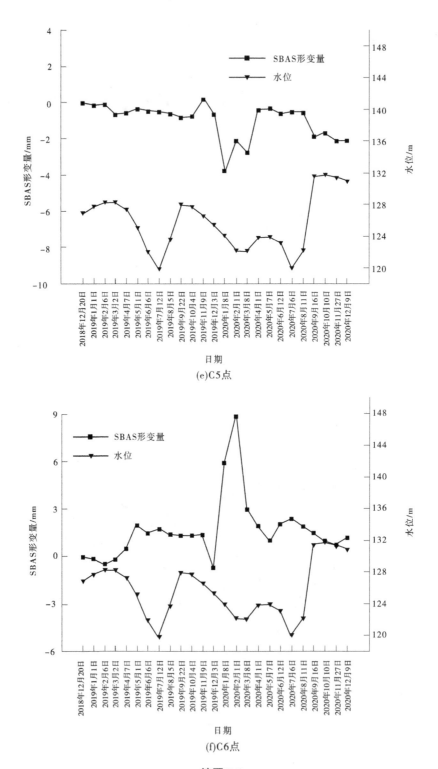

(e)C5点

(f)C6点

续图 5-2

通过图 5-2 C1 点、C2 点、C3 点、C4 点、C5 点、C6 点的形变趋势图可以清晰地看到,2019 年 12 月到 2020 年 1 月垂直沉降(抬升)位移发生了突变,随后又回弹上升(沉降)到了正常形变位置。通过分析发现,2019 年 11 月 18 日在辽宁抚顺市顺城区发生了地震。震源地靠近研究区大伙房水库大坝,因此后续分析上游水位与大坝垂直沉降形变关系时,去除这次因地震引起的垂直沉降位移突变的时间段。

从图 5-2 中可以看出:

C1 点[见图 5-2(a)]处,2018 年 12 月至 2019 年 2 月,大坝垂直沉降位移随着水位的升高而增大。2019 年 2—7 月,大坝上游水位下降,大坝沉降位移整体呈减小趋势。2019 年 7—9 月,大坝上游水位急剧上升,大坝整体沉降位移增大,且随后的 9—12 月,大坝整体沉降位移继续增大,说明大坝上游水位快速上升,会导致后续大坝整体沉降位移增加,具有一定的延后性。2020 年 1—3 月,由于地震引起的大坝沉降变形异常,此处不予分析。2020 年 4—7 月,大坝上游水位降低,大坝垂直沉降位移呈减小趋势。2020 年 7—9 月,大坝上游水位急剧上升,大坝沉降位移增大,且后续大坝整体沉降位移呈增加趋势,具有一定的延后性。通过分析可以得出,C1 点处,当大坝上游水位变化缓慢时,上游水位与垂直沉降位移呈正相关;当上游水位急剧升高时,大坝垂直沉降位移的增加具有一定的延后性。

C2 点([见图 5-2(b)]处,2018 年 12 月至 2019 年 3 月,大坝上游水位增加,大坝整体沉降形变量增大。2019 年 3—7 月,大坝上游水位下降,大坝沉降形变量整体呈减小趋势。2019 年 7—9 月,大坝上游水位急剧上升,大坝垂直沉降位移增大,随后 9—12 月,沉降位移继续增大,具有一定的延后性。2020 年 4—7 月,大坝上游水位降低,大坝整体沉降位移变化不明显。2020 年 7—9 月,大坝上游水位急剧上升,大坝垂直沉降位移增大,并有一定的延后性。2020 年 11—12 月,大坝上游水位缓慢下降,大坝垂直沉降位移呈增大趋势。通过分析可以得出,C2 点处当大坝上游水位变化缓慢时,上游水位与大坝整体沉降位移呈正相关;当上游水位急剧升高时,大坝垂直沉降位移的增加具有一定的延后性。

C3 点[见图 5-2(c)]处,2018 年 12 月至 2019 年 3 月,大坝上游水位上升,大坝沉降位移增大。2019 年 3—7 月,大坝上游水位下降,大坝沉降位移变化较小,整体呈减小趋势,且减小趋势延续到 8 月。2019 年 7—9 月,大坝上游水位急剧上升,2019 年 9—12 月,大坝垂直沉降位移增大,具有一定的延后性。2020 年 5—7 月,大坝上游水位降低,大坝沉降位移呈增大趋势。2020 年 7—9 月,大坝上游水位上升,大坝沉降位移缓慢增加。2020 年 9—12 月,大坝上游水位变化不明显,大坝沉降位移变化不明显。通过分析得出,C3 点处当大坝上游水位变化缓慢时,上游水位与垂直沉降位移呈正相关;当上游水位急剧升高时,大坝垂直沉降位移的增加具有一定的延后性;当上游水位变化不明显时,大坝沉降位移变化也不明显。

C4 点[见图 5-2(d)]处,2018 年 12 月至 2019 年 3 月,大坝上游水位上升,大坝沉降位移增大。2019 年 3—7 月,大坝上游水位下降,大坝沉降位移变化较小,7—9 月,大坝沉降位移减小,具有延后性。2019 年 7—9 月,大坝上游水位急剧上升,2019 年 9—10 月,大坝垂直沉降位移增大,具有一定的延后性。2020 年 5—7 月,大坝上游水位降低,大坝沉降位移整体呈增大趋势。2020 年 7—9 月,大坝上游水位急剧上升,大坝沉降位移整体呈增加趋势。通过分析得出,C4 点处,当大坝上游水位变化缓慢时,上游水位与沉降位移呈正相关;当上游水位急剧升高时,大坝沉降位移的增加具有一定的延后性。

C5 点[见图 5-2(e)]处,2018 年 12 月至 2019 年 3 月,大坝上游水位上升,大坝沉降位移缓慢增大。2019 年 3—7 月,大坝上游水位下降,大坝沉降位移缓慢减小。2019 年 7—9 月,大坝上游水位急剧上升,大坝沉降变化不明显,2019 年 11—12 月,大坝垂直沉降位移增大,具有一定的延后性。2020 年 5—7 月,大坝上游水位降低,大坝沉降位移整体变化不明显。2020 年 7—9 月,大坝上游水位急剧上升,大坝沉降位移整体呈增加趋势。由于该点在 2018 年 12 月至 2019 年 10 月及 2020 年 4—8 月的沉降变化量较小,导致 C5 点处沉降位移变化与上游水位的变化关系不是特别明显。

C6 点[见图 5-2(f)]处,2018 年 12 月至 2019 年 2 月,大坝上游水位上升,大坝沉降位移增大。2019 年 2—7 月大坝上游水位下降,大坝抬升位移整体呈增大趋势。2019 年 7—9 月,大坝上游水位急剧上升,大坝抬升位移变化较小,但有减小趋势。2020 年 5—7 月,大坝上游水位降低,大坝抬升位移整体呈增大趋势。2020 年 7—10 月,大坝上游水位上升,大坝抬升位移呈减小趋势。2020 年 10—12 月,大坝上游水位降低,大坝抬升位移整体呈增大趋势。通过分析得出,C6 点沉降变化量与大坝上游水位变化呈正相关。

通过对 C1 点、C2 点、C3 点、C4 点、C5 点、C6 点的沉降变化量与上游水位变化关系进行分析,可以得出以下结论:当大坝上游水位变化缓慢时,上游水位与沉降位移呈正相关,即上游水位升高时,大坝沉降(抬升)位移增加(减小),上游水位降低时,大坝沉降(抬升)位移减小(增加)。当上游水位急剧升高时,可能会导致大坝沉降位移增大趋势向后延长,当上游水位降到最低时,可能会导致大坝沉降位移减小趋势向后延长。

通过土石坝受上游水压力示意图(见图 5-3)可以看出,土石坝整体呈梯形,坝底较宽,上游坝坡被水淹。沉降(抬升)方向上,1/3 的坝体都受到水压力,说明上游水压力对大坝的沉降(抬升)影响较大,进一步证明了大伙房大坝(土石坝)的沉降(抬升)与上游水位变化的关系。

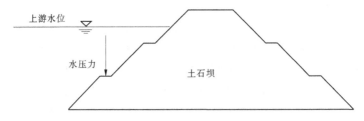

图 5-3　土石坝受水压力示意图

第 6 章　InSAR 操作手册

6.1　运行环境

硬件环境最低要求:内存至少 8 G,可用内存至少 2 G,处理器至少 2 核,支持 SSE2,OpenCL runtime1.2,显存至少 1 G,支持 FP64。

操作系统要求:Windows 7/8/10/11/Server 操作系统,或者 Linux 平台,64 位。

注意:

(1)SARscape 软件不支持家庭版操作系统。

(2)ENVI 5.6.2 开始,不再支持 Windows 7,SARscape 5.6.2 匹配 ENVI 5.6.2。

(3)SARscape 软件需要在 ENVI 的环境下运行。

6.2　系统设置

6.2.1　ENVI 系统设置

主要设置数据处理过程默认的输入、输出路径,以提高工作效率。在 ENVI 主菜单中,File→Preference,在 Preferences 面板中选择 Directories 选项,如图 6-1 所示。设置一些 ENVI 默认打开的文件夹,如默认数据目录(Default Input Directory)、临时文件目录(Temporary Directory)、默认输出文件目录(Output Directory)。

注意:

SARscape 不支持中文路径,输入、输出、临时文件目录都避免中文字符。

6.2.2　SARscape 系统设置

SARscape 软件处理数据需要用到 OpenCL,一般情况下,显卡的官方驱动程序中包含 OpenCL runtime,在软件安装包中自带 OpenCL CPU-onlyruntime,安装软件的时候勾选即可进行安装。在软件安装后,软件的运行需要可用的 OpenCL 平台,查看和设置方法如下:在 Toolbox 中双击/SARscape/Preferences/Preferences common,在 General parameters 面板中 OpenCL Platform Name 中的 OpenCL 选项,选择一个 OpenCL 平台(见图 6-2)进行处理。

注意:

(1)在处理时,有些步骤用到了 GPU 加速,如地理编码处理。根据电脑硬件情况选择一个 OpenCL 计算平台,如果电脑没有 GPU,此处选择 CPU 计算平台即可。

(2)一般显卡驱动自带 OpenCL runtime,如在软件安装时提示已有更高版本的 OpenCL,说明电脑中已经安装了 OpenCL runtime。

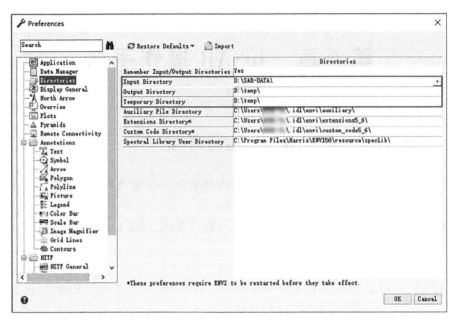

图 6-1　ENVI 系统设置默认路径

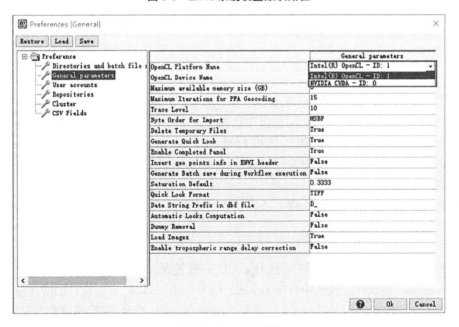

图 6-2　OpenCL 平台

（3）如果此处没有识别 OpenCL 平台,软件不能运行,需要通过升级显卡驱动、手动安装合适版本的 OpenCL runtime 等方式进行安装,确保此处能识别到可用的 OpenCL 平台。

6.2.3　参数设置

SARscape 针对不同的数据源、不同的处理,提供了相应的系统默认参数,在处理数据之前,根据数据选择一套相应的处理参数,参数包括所有的 SAR 数据处理步骤的参数,如基本参数、滤波、地理编码、配准、去平、干涉、PS 处理等。在处理时,大多数情况下都可按照默认参数进行处理。

SARscape 针对不同的数据源,提供的系统参数有以下几套(见图 6-3):

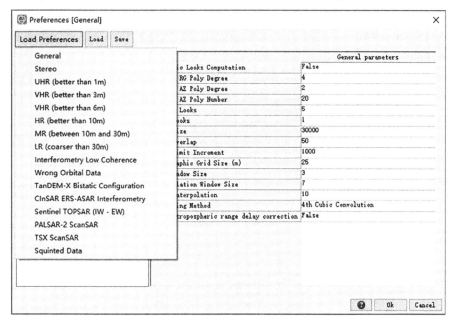

图 6-3　选择相应的系统参数

(1)General——常用的系统参数,没有特定数据源的要求。

(2)Stereo——适用于立体测量的一套系统参数。

(3)UHR(better than 1 m)——适用于分辨率高于 1 m 的高分辨率数据的一套系统参数。

(4)VHR(better than 3 m)——适用于分辨率高于 3 m 的高分辨率数据的一套系统参数。

(5)VHR(better than 6 m)——适用于分辨率高于 6 m 的高分辨率数据的一套系统参数。

(6)HR(better than 10 m)——适用于分辨率高于 10 m 的中高分辨率数据的一套系统参数。

(7)MR(between 10 m and 30 m)——适用于分辨率在 10~30 m 的中分辨率数据的一套系统参数。

(8)LR(coarser than 30 m)——适用于分辨率高于 30 m 的中分辨率数据的一套系统参数。

(9)Interferometry Low Coherence——适用于相干性低的干涉像对的系统参数。

(10)Wrong Orbital Data——适用于轨道参数不可信的数据的系统参数。

(11)TanDEM-X Bistatic Configuration——适用于 TerraSAR-X+TanDEM-X 双星模式 InSAR 处埋的系统参数。

(12)CInSAR ERS-ASAR Interferometry——适用于 ERS 和 ASAR 对做 InSAR 处理的系统参数。

（13）Sentinel TOPSAR(IW-EW)——适用于哨兵 TOPSAR(IW-EW)模式的数据做 InSAR 处理的系统参数。

（14）PALSAR-2 ScanSAR——适用于 PALSAR-2 ScanSAR 模式数据做 InSAR 处理的系统参数。

（15）TSX ScanSAR——适用于 TSX ScanSAR 模式数据做 InSAR 处理的系统参数。

（16）Squinted Data——适用于斜视的数据（PALSAR-1、JAXA SLC 数据）。

如要处理哨兵数据,在 Toolbox 中双击/SARscape/Preferences/Preferences specific,在打开的界面中,单击 Load Preferences,选择 Sentinel TOPSAR(IW-EW),在弹出的对话框上选择"是",在参数设置面板上点击"OK"。

加载一套系统参数之后,一般要设置数据本身的制图分辨率,以便于在多视的时候软件自动计算视数。点击 General parameters 选项,在 Cartographic Grid Size 一项,手动填入所要处理数据的制图分辨率(如果预先不知道数据的分辨率,可以在导入数据之后,通过元数据文件中的信息计算出分辨率,再在此设置,见图6-4)。

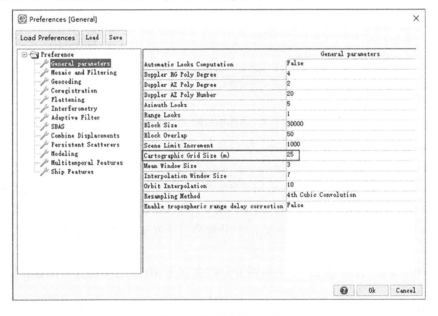

图 6-4　设置制图分辨率

注意:

（1）ENVI 系统设置和 SARscape 系统设置在数据处理之前进行。

（2）SARscape 特定参数设置可以在数据导入之后,根据查询到的数据分辨率再进行设置。

6.3　数据导入

不同的 SAR 传感器都有自己的数据格式,要在 SARscape 中处理,首先要将数据导入成 SARscape 标准数据格式,所以数据导入是首先要做的。

数据导入工具为:/SARscape/Import Data/SAR Spaceborne/Single Sensor/传感器,导入后的格式为:ENVI 栅格格式(数据文件+. hdr 头文件)+元数据文件(. sml)。

6.3.1　SLC 数据导入

极化模式如下:

(1)S=single,单极化,HH。

(2)SS=Select Single,可选单极化 HH、VV、HV 或者 VH。

(3)Dual(双极化),HH&HV 或者 V&VH。

(4)Quad(四极化),HH&HV&VV&VH。

在 Toolbox 中,选择/SARscape/Import Data/SAR Spaceborne/Single Sensor/RADARSAT-2。若数据没有轨道文件,则没有设置存放轨道文件的路径,会有如下提示,点击"是"。

如有轨道文件需要输入,可在 Preferences common 系统参数的 Directories and batch filename 选项卡中设置 RADARSAT-2 directory 为轨道文件的存放路径,并将轨道文件提前放在该路径下。

在打开的面板中,设置如下:

(1)数据输入面板(Input Files)。点击文件,选择 RADARSAT-2 数据的 prodect. xml 文件。

(2)参数设置面板(Parameters)。主要参数(Principal Parameters)对数据重命名(Rename the File Using Parameters):True。软件会自动在输入文件名的基础上增加几个标识字母,如这里增加"V_sc"。否则文件名为"product_HH_slc"。

注意:软件自动识别 RADARSAT-2 数据类型。

(3)数据输出面板(Output Files)。输出文件(output file list):自动读取 ENVI 默认的数据输出目录以及输入面板中的数据文件名。

生成的结果除图像文件外,还包括 KML 和 shapefile 格式的图像轮廓线。

RADARSAT-2 数据导入面板如图 6-5 所示。

6.3.2　强度数据导入

(1)在 Toolbox 中,选择/SARscape/Import Data/SAR Spaceborne/TerraSAR-X。

(2)在打开的 Input TerraSAR-X 面板中,在数据输入(Input File)面板中,点击文件。

(3)参数设置(Parameters)面板,应用定标参数(Apply calibration constant):False。

注意:当选择应用定标参数时,会应用数据自带定标常量计算得到雷达亮度系数。

对数据重命名(Rename the File Using Parameters):True,软件会在输入文件名的基础上增加几个标识字母。

数据输出(Output Files)面板,默认输出路径和文件名。

(4)单击 Exec 按钮执行。完成后在 End 点击确定,在 ENVI 中打开生成的 SAR 图像文件。

注意:软件自动识别 TerraSAR-X 数据类型。

TerrraSAR-X 数据导入面板如图 6-6 所示。

图 6-5　RADARSAT-2 数据导入面板

图 6-6　TerrraSAR-X 数据导入面板

6.3.3　Sentinel-1 数据导入

Sentinel-1(哨兵 1 号,是欧洲航天局哥白尼计划的第一颗主要用于环境监测的卫星,于 2014 年 4 月 3 日发射升空,由两颗极轨卫星 A 星和 B 星组成,两颗卫星搭载的传感器为合成孔径雷达(SAR),属于主动微波遥感卫星,传感器工作波段是 C 波段。该卫星有四种工作模式。其中,IW 模式是陆地上的主要采集模式,可满足大部分业务需求,数据分辨率 5 m×20 m(单视),幅宽 250 km。

(1)设置哨兵数据系统参数(见图 6-7)。

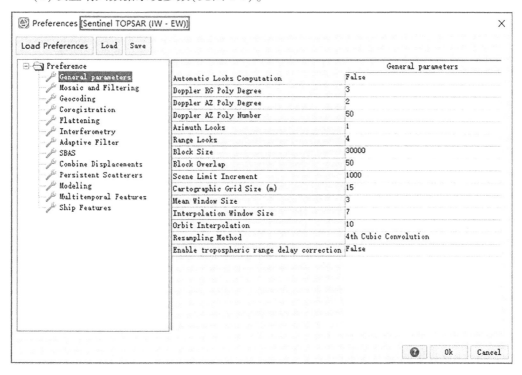

图 6-7　哨兵数据系统参数

打开/SARscape/Preferences/Preferences specific 面板,选择 Load Preferences->Sentinel TOPSAR(IW-EW),点击 OK。

(2)准备精密轨道文件。

打开/SARscape/Preferences/Preferences common 面板,设置 Sentinel-1 auxiliary directory 路径,将轨道文件. EOF 放在该路径下。

(3)数据导入。

打开数据导入工具/SARscape/Import Data/SAR Spaceborne/Single Sensor/SENTINEL-1。

哨兵数据参数存放路径如图 6-8 所示。

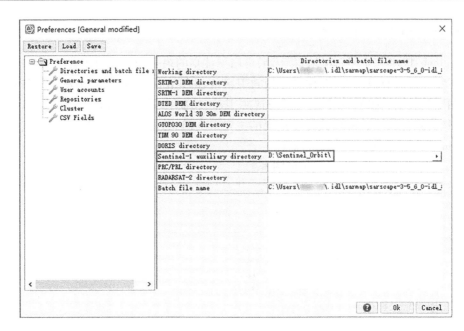

图 6-8　哨兵数据参数存放路径

6.4　下载 Sentinel-1 卫星精密轨道数据

轨道信息是 InSAR 数据处理中非常重要的信息,从最初的图像配准到最后的形变图像生成都有着重要的作用。含有误差的轨道信息将会造成基线误差以残差条纹的形式存在于干涉图中。因此,使用卫星精密轨道数据对轨道信息进行修正,可有效去除因轨道误差引起的系统性误差。使用哨兵数据进行 InSAR 处理,建议在数据导入的时候使用精密轨道文件。

哨兵 1 数据的轨道数据有以下两种:

(1)POD Precise Orbit Ephemerides(POD 精密定轨星历数据)。这是最精确的轨道数据,但该数据距离 GNSS 下行 21 d 之后才可以使用。每天会产生一个文件,每个文件覆盖 26 h(一整天 24 h 加上一天开始前 1 h 和一天结束后的 1 h),定位精度优于 5 cm。

(2)POD Restituted Orbit(POD 回归轨道数据)。这是比较精确的轨道数据,文件在接收到 GNSS 数据的 3 h 内产生。该文件覆盖一个卫星的轨道,从升序节点 ANX 加 593 OSV 重叠于卫星轨道的时间跨度之前。定位精度优于 10 cm。

下载轨道数据的方法有以下 3 种:

(1)使用/SARscape/Import Data/Sentinel Download Auxiliary files 工具自动下载轨道参数。

(2)在哨兵数据库网站手动下载轨道数据及参数。

(3)在 ASF 网站下载轨道参数。

访问 ASF 网站在轨道文件列表中,可看到每个轨道数据文件都有 3 个日期:精密轨道数据发布日期、数据成像时间的前一天、数据成像时间的后一天。

注意:需要等文件内容全部加载完之后再保存到本地,POD 精密定轨星历数据文件大小在 4.308 MB 左右,如果下载的文件小于 4 MB,说明文件没有下载完全,需重新下载。

ASF 网站下载轨道参数如图 6-9 所示。

Index of /aux_poeorb/

S1A OPER AUX POEORB OPOD 20140822T122852 V20140..>	20-Jul-2017 17:03	4M
S1A OPER AUX POEORB OPOD 20140823T122348 V20140..>	20-Jul-2017 17:03	4M
S1A OPER AUX POEORB OPOD 20140824T122343 V20140..>	20-Jul-2017 17:03	4M
S1A OPER AUX POEORB OPOD 20140825T122646 V20140..>	20-Jul-2017 17:03	4M
S1A OPER AUX POEORB OPOD 20140826T122743 V20140..>	20-Jul-2017 17:03	4M
S1A OPER AUX POEORB OPOD 20140827T122441 V20140..>	20-Jul-2017 17:03	4M
S1A OPER AUX POEORB OPOD 20140828T122040 V20140..>	20-Jul-2017 17:03	4M
S1A OPER AUX POEORB OPOD 20140829T122028 V20140..>	20-Jul-2017 17:03	4M
S1A OPER AUX POEORB OPOD 20140830T122042 V20140..>	20-Jul-2017 17:03	4M
S1A OPER AUX POEORB OPOD 20140831T122143 V20140..>	20-Jul-2017 17:03	4M
S1A OPER AUX POEORB OPOD 20140901T122122 V20140..>	20-Jul-2017 17:03	4M
S1A OPER AUX POEORB OPOD 20140902T122113 V20140..>	20-Jul-2017 17:03	4M
S1A OPER AUX POEORB OPOD 20140903T122208 V20140..>	20-Jul-2017 17:03	4M
S1A OPER AUX POEORB OPOD 20140904T122348 V20140..>	20-Jul-2017 17:03	4M
S1A OPER AUX POEORB OPOD 20140905T122429 V20140..>	20-Jul-2017 17:03	4M
S1A OPER AUX POEORB OPOD 20140906T122219 V20140..>	20-Jul-2017 17:03	4M
S1A OPER AUX POEORB OPOD 20140907T122140 V20140..>	20-Jul-2017 17:03	4M
S1A OPER AUX POEORB OPOD 20140908T122152 V20140..>	20-Jul-2017 17:03	4M
S1A OPER AUX POEORB OPOD 20140909T082434 V20140..>	20-Jul-2017 17:03	4M
S1A OPER AUX POEORB OPOD 20140910T122324 V20140..>	20-Jul-2017 17:03	4M
S1A OPER AUX POEORB OPOD 20140911T122451 V20140..>	20-Jul-2017 17:03	4M
S1A OPER AUX POEORB OPOD 20140912T122540 V20140..>	20-Jul-2017 17:03	4M
S1A OPER AUX POEORB OPOD 20140913T122740 V20140..>	20-Jul-2017 17:03	4M
S1A OPER AUX POEORB OPOD 20140914T122547 V20140..>	20-Jul-2017 17:03	4M
S1A OPER AUX POEORB OPOD 20140914T123236 V20140..>	20-Jul-2017 17:03	4M

图 6-9　ASF 网站下载轨道参数

6.5　雷达图像处理

SAR 数据处理流程取决于获取数据的雷达系统和接收模式,以及最终处理结果的要求。SARscape 基本模块功能包括处理机载/星载 SAR 强度和相干数据,如数据导入工具、多视处理工具、图像配准工具、基本滤波工具、特征提取工具、地理编码和辐射定标工具、定标后处理工具(雷达辐射校正)、图像镶嵌、分割工具等。

图 6-10 是单雷达图像处理与应用流程,其中虚线部分为可选项,根据实际需求选择。

6.5.1　多视

单视复数(SLC)SAR 图像产品包含很多的斑点噪声,为了得到最高空间分辨率的 SAR 图像,SAR 信号处理器使用完整的合成孔径和所有的信号数据。多视处理是在图像的距离向和方位向上的分辨率做了平均,目的是抑制 SAR 图像的斑点噪声。多视的图像提高了辐射分辨率,降低了空间分辨率。

(1)选择系统参数以及设置制图分辨率。

(2)进行多视处理,在 Toolbox 中,选择/SARscape/Basic/Intensity Processing/Multi-

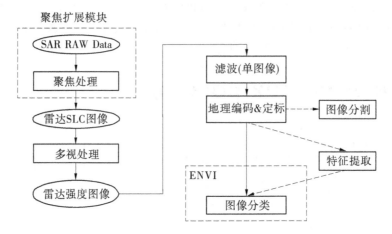

图 6-10　单雷达图像处理与应用流程

looking。

（3）单击 Exec 按钮执行。

（4）计算完后在 End 对话框点击确定，可以看到图像的斑点噪声得到的抑制，空间分辨率有所降低。

多视处理面板如图 6-11 所示。

图 6-11　多视处理面板

6.5.2　斑点滤波

从连贯 SAR 传感器中获取的图像都有斑点噪声,SARscape 提供两大类滤波,用于单波段雷达图像的滤波和多时相雷达图像滤波。

(1)单波段滤波操作流程如下:

①Toolbox 中,选择/SARscape/Basic/Intensity Processing/Filtering/Single Image Filtering。

②在 Filtering Single Image 面板进行数据输入、参数设置、数据输出操作。

③单击 Exec 按钮执行。

(2)Gamma/Gaussian 滤波:

SARscape 还提供了 Gamma/Gaussian 滤波扩展模块,可支持单视复数数据(SLC)滤波、单波段强度数据(SCI)滤波、多通道强度数据(MCI)滤波、极化数据滤波,操作流程同单波段滤波。

6.5.3　地理编码和辐射定标

SAR 系统可测量发射和返回脉冲的功率比,这个比值(就是后向散射)被投影为斜距几何。由于不同的 SAR 传感器或者不同的接收模式,为了更好地对比 SAR 图像几何和辐射特征,需要将 SAR 数据从斜距或地距投影转换为地理坐标投影(制图参考系)。地理编码和辐射定标处理如图 6-12 所示。

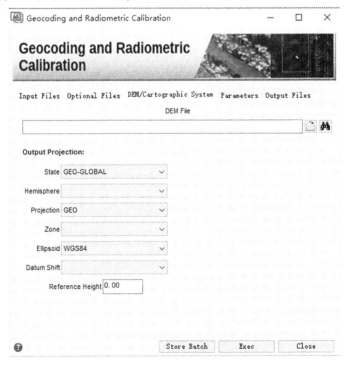

图 6-12　地理编码和辐射定标处理

6.5.4　计算 HH/VV 比值图像

（1）Toolbox 中，打开/SARscape/Basic/Feature Extraction/Ratio 工具，在 Ratio 面板：

打开数据输入（Input Files）面板，选择 HH 和 VV 的地理编码和辐射定标得到的 Linear 单位的结果_geo。

参数设置（Parameters）面板，设置主要参数（Principal Parameters）·Output in dB：True，输出比值结果，单位是 dD。

在 Output Files 面板，选择输出路径和设置文件名，自动添加_rto 后缀。

（2）单击 Exec 按钮执行。

比值图像计算如图 6-13 所示。

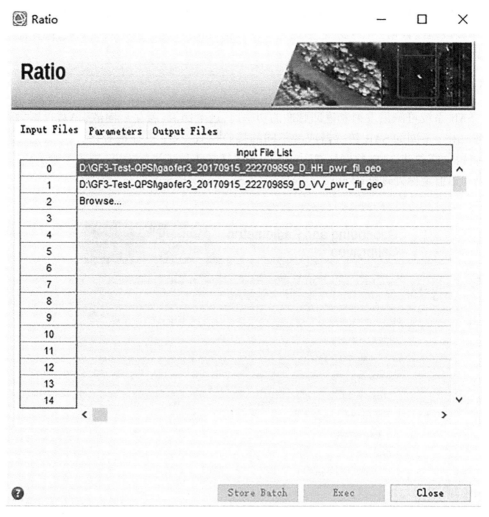

图 6-13　比值图像计算

6.5.5　分类后处理

（1）小斑块去除：小斑块处理可以直接选择/Classification/Post Classification/Classification Aggregation 工具处理。

（2）过滤（Sieve）：原始的分类结果中有很多小图斑，过滤处理（Sieve）解决分类图像中出现的孤岛问题。过滤处理使用斑点分组方法来消除这些被隔离的分类像元。类别筛选方法通过分析周围的 4 个或 8 个像元，判定一个像元是否与周围的像元同组。如果一类中被分析的像元数少于输入的阈值，这些像元就会被从该类中删除，删除的像元归为未分类的像元（Unclassified）。

①打开/Classification/Post Classification/Sieve Classes 工具，选择上一步得到的非监督分类的结果，点击 OK。

②在 Classification Sieving 面板，将 Minimum Size 设置为 5，表示类别中小于 5 像元的斑块被去除，变为未分类。

分类后处理过滤面板如图 6-14 所示。

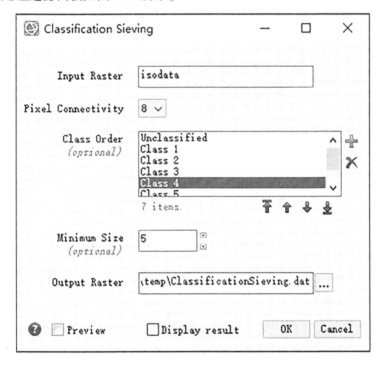

图 6-14　分类后处理过滤面板

（3）类别合并：非监督分类的结果中，只需要水稻这一类，其他类别可以合并到未分类中，便于后面的制图。

①打开/Classification/Post Classification/Combine Classes 工具，选择上一步聚类处理得到的结果，点击 OK。

②在 Combine Classes Parameters 面板上，在 Select Input Class 一栏，点击 Class1，Select

Output Class 一栏,点击 Unclassified,点击 Add Combination,同样的方法依次将 2、3、5、6 类合并到 Unclassified,点击 OK。

分类结果类别合并参数面板如图 6-15 所示。

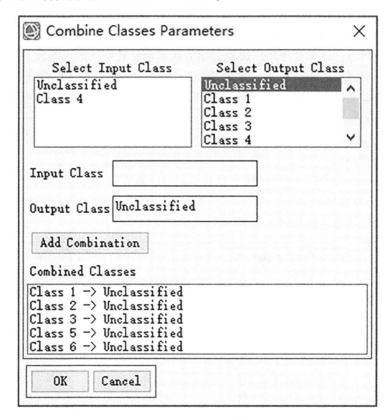

图 6-15　分类结果类别合并参数面板

6.6　InSAR 处理

6.6.1　干涉图生成

生成干涉图,输入两期 SLC 数据,输出数据是两景数据的干涉图和经过配准、多视的主从影像强度图。对该数据集,距离向为 1、方位向为 4 的多视,可得到约 15 m 的地面分辨率。

(1)在 Toolbox 中,选择/SARscape/Interferometry/PhaseProcessing/1 – Interferogram Generation,打开 Interferogram Generation 面板。

(2)在 Interferogram Generation 面板输入 DEM 文件或投影信息。若是输入 DEM 数据,自动从输入的参考 DEM 中获取相应的信息,输出结果默认以 DEM 投影参数为准。如果不输入 DEM 数据,则需要设置 Output Projection。这里点击选择 start_DEM 文件。

干涉图生成参数设置面板如图 6-16 所示。

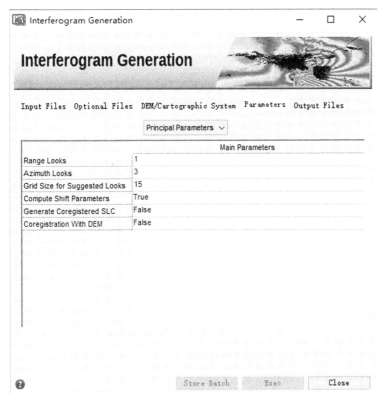

图 6-16　干涉图生成参数设置面板

6.6.2　自适应滤波及相干性计算

对上一步去平后的干涉图(_dint)进行滤波,去掉由平地干涉引起的位相噪声。同时生成相干系数图(描述位相质量)和滤波后的主影像强度图。

(1)Toolbox 中,双击/SARscape/Interferometry/Phase Processing/2-Adaptive Filter and Coherence Generation,打开 Adaptive Filter and Coherence Generation 面板,在 Adaptive Filter and Coherence Generation 面板选择上一步生成的干涉图_dint;点击 Parameters 面板与 Output Files 面板,按照默认输出根名称。

(2)单击 Exec 按钮执行。

干涉图滤波和相干性生成如图 6-17 所示。

6.6.3　相位解缠

干涉相位只能以 2π 为模,因此只要相位变化超过了 2π,就会重新开始和循环。相位解缠是对去平和滤波后的位相进行相位解缠,解决 2π 模糊的问题。

(1)Toolbox 中,双击/SARscape/Interferometry/Phase Processing/3-Phase Unwrapping,打开 Phase Unwrapping 面板。

(2)在 Phase Unwrapping 面板的 Input Files·Coherence File 项,选择上一步生成的相干性结果_cc;Interferogram File 项,自动选择_fint 结果。解缠方法选择 Region Growing,解

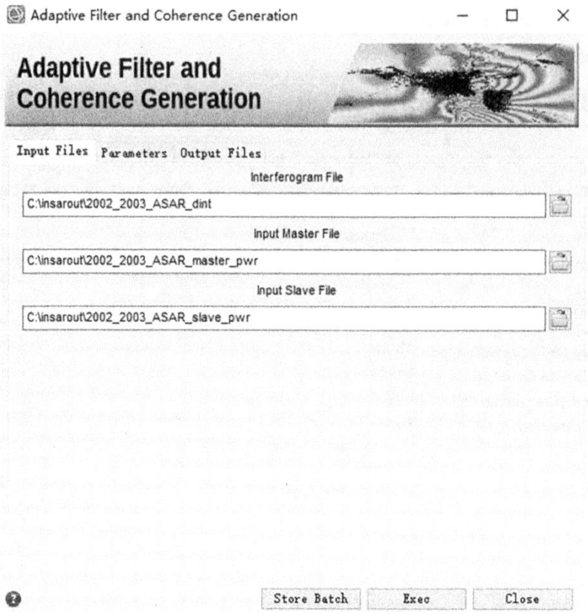

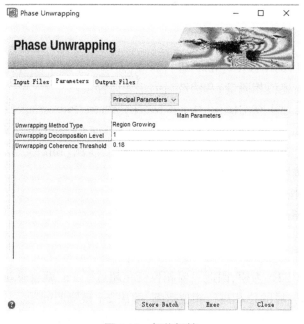

图 6-17　干涉图滤波和相干性生成

缠分解等级选择 1,解缠相干性阈值选择 0.18。

（3）单击 Exec 按钮,开始执行。

相位解缠如图 6-18 所示。

图 6-18　相位解缠

6.6.4　轨道精练和重去平

当输入精确的轨道信息时,为了矫正相位偏移,一般需要进行轨道参数的修正,矫正的结果不会生成新的数据文件,而是将解缠图像头文件中的信息做了修正。

(1)在 Toolbox 中,选择/SARscape/Interferometry/Phase Processing/4- Refinement and Re-flattening,打开轨道精练和重去平面板,在 Refinement and Re-flattening 面板进行数据输入与设置。

(2)单击 Exec 按钮执行。

(3)处理结束后,在 Completed 对话框单击 End。自动打开轨道精练计算出的偏移量面板,内容如图 6-19 所示。

```
ESTIMATE A RESIDUAL RAMP
Points selected by the user = 25
Valid points found = 25
Extra constrains = 2
Polynomial Degree choose = 3
Polynomial Type : = k0 + k1*rg + k2*az
Polynomial Coefficients (radians) :
          k0 = -0.3394763336
          k1 = -0.0010522395
          k2 = 0.0000705456
Root Mean Square error (m)= 9.2657402514
Mean difference after Remove Residual refinement (rad)    = -0.0817840375
Standard Deviation after Remove Residual refinement (rad)    = 0.5329354083
```

图 6-19　偏移量面板

此外,还生成重去平后的一系列结果,结果文件带有_reflat 标识。浏览轨道精练后的干涉图、解缠图等结果。控制点的查看修改方法如下:

(1)在 2002-2003_ASAR_reflat_refinement.shp 图层右键选择 Properties,在打开的矢量属性面板上选择 Attribute 为 AbsRHgtDiff,Color Table 为 RAINBOW,点击 OK,控制点会进行彩色渲染显示,颜色越红的点,说明误差越大。

(2)在 shp 图层右键选择 View/Edit Attributes,在 AbsRHgtDiff 字段右键 Sort By Selected Column Reverse 进行排序。

(3)记录下点号 shp_ID(不关闭对话框,然后在轨道精练工具中,打开加载进来的控制点,把误差大的几个点删除,生成一次点文件,同样的方法再进行一次轨道精练。

轨道精练和重去平如图 6-20 所示。

6.6.5　相位高程转换——生成 DEM

这一步是将经过绝对校准和解缠的实际相位,结合合成相位,转换为 DEM 并进行地理编码,生成地理编码的 DEM 文件、相干图像、图像精度图像和分辨率图像。

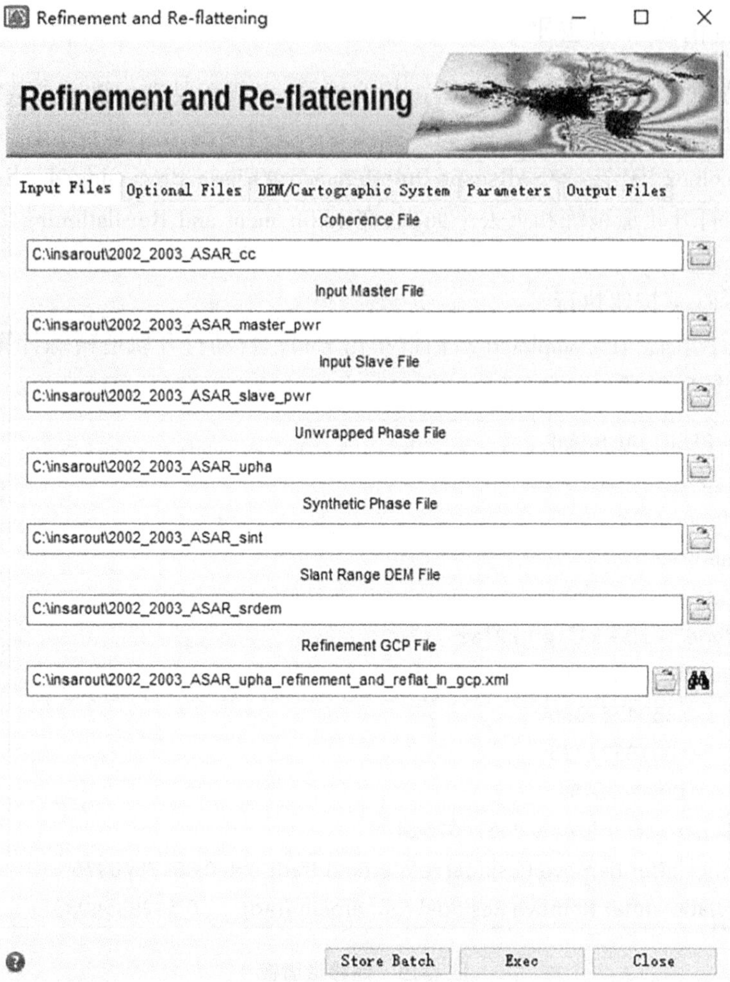

图 6-20　轨道精练和重去平

在 Toolbox 中,选择/SARscape/Interferometry/Phase Processing/5A – Phase to Height Conversion and Geocoding,打开 Phase to Height Conversion and Geocoding 面板,在 Phase to Height Conversion and Geocoding 面板进行参数设置;最后打开 Output Files 面板,默认输出的路径和文件名,点击 Exec 按钮执行。

相位转高程如图 6-21 所示,InSAR 处理生成的 DEM 结果如图 6-22 所示。

6.7　文件约束

以下内容为 SARscape 运行过程中的文件约束。

大气相位延迟/Atmospheric Phase Delay _atm

辅助文件/Auxiliary files _auxiliary

基线估算结果文件/Baseline estimated values _eb

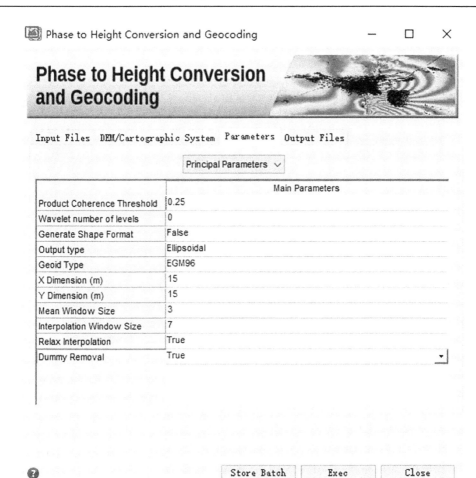

图 6-21　相位转高程

水平基线估算结果/Baseline(horizontal) estimated values _eb_H

图像变化系数/Coefficient of Variation image_cov

相干性图/Coherence image_cc

振幅追踪功能到的相干图/Coherence image(only Amplitude Tracking) _coh

数据的角点坐标/Co-ordinates of the Scene Corners (XML format) . xml

ScanSAR 强度图像配准后的主图像/Coregistered master ScanSAR Intensity image _ mml_pwr

ScanSAR 强度图像配准后的从图像/Coregistered slave ScanSAR Intensity image _sml_ pwr

配准后的极化数据/Coregistered polarimetric data _rsp_slc

配准偏移/Coregistration shift _off

ASCII 格式的配准偏移文件/Coregistration shift(ASCII format) _off_out. xls

shape 格式的配准偏移文件/Coregistration shift(Shape format) _off. shp

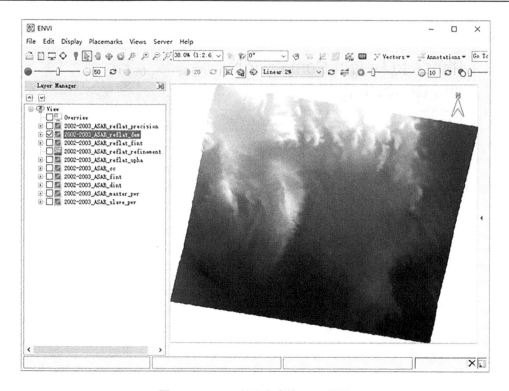

图 6-22 InSAR 处理生成的 DEM 结果

振幅追踪功能得到的交叉相关图/Cross Correlation image(Amplitude Tracking) _cc

介电修正因子/Dielectric correction factor _cal_dielectric

数字高程模型/Digital Elevation Model(DEM) _dem

斜距方向的 DEM/Digital Elevation Model in slant range _srdem

ScanSAR 干涉处理得到的斜距方向的 DEM/Digital Elevation Model in slant range (ScanSAR Interferogram) _synt_srdem

小波合成的 DEM/Digital Elevation Model(Wavelet Combination) _w_c_dem

形变结果制图/Displacement map_disp

SBAS 反演得到的形变加速度/Displacement acceleration(SBAS Inversion) _acc

SBAS 反演得到的形变加速度变化/Displacement acceleration variation (SBAS Inversion) _delta_acc

SBAS 反演得到的拟合的形变值/Displacement fitted(SBAS Inversion) _disp_fit

相位转形变得到的自定义方向的形变结果/Displacement Map-custom direction(Phase to Displacement) _UD

相位转形变得到的垂直方向的形变结果/Displacement Map-vertical direction(Phase to Displacement) _VD

D-InSAR 和 SBAS 反演得到的形变速率/Displacement velocity(Dual Pair Interferometry and SBAS Inversion) _vel

SBAS 反演得到的 ASCII 格式的形变速率图例/Displacement velocity legend−ASCII format(SBAS Inversion) _density_slice_

基线估算得到的多普勒中心频率差/Doppler Centroid Difference(Baseline Estimation) _dop_diff

读取的 ENVI 格式数据/ENVI imported files _envi

特征−梯度图像/Features − Gradient image _grad

特征−最大差异/Features − Maximum difference _maxD

特征−最大增量/Features − Maximum increment _maxI

特征−最大比例/Features − Maximum ratio _maxR

特征−最大值/Features − Maximum value _max

特征−中值图像/Features − Median image _med

特征−平均图像/Features − Mean image _mea

特征−最小比例/Features − Minimum ratio _minR

特征−最小值/Features − Minimum value _min

特征−跨度差异/Features − Span difference _spanD

特征−跨度比/Features − Span ratio _spanR

特征−标准差/Features − Standard deviation _std

滤波后的图像/Filtered image _fil

二进制或输入的 TIFF 格式的文件/Generic Binary/Tiff imported files _bin

Google Earth 文件/Google Earth Exchange file . kml

ASCII 格式的地面控制点文件/Ground Control Point file(ASCII format) . pts

XML 格式的地面控制点文件/Ground Control Point file(XML format) . xml

干涉图/Interferogram _int

滤波后的干涉图/Interferogram filtered _fint

去平地效应之后的干涉图/Interferogram flattened _dint

干涉图的模组分/Interferogram Module component _mod

干涉图的相位组分/Interferogram Phase component _phase

Jpeg 文件/Jpeg file . jpg 视线方位角/Line of Sight Azimuth angle _ALOS

视线入射角/Line of Sight Incidence angle _ILOS

局部入射角图/Local Incidence Angle map _lia

掩膜文件/Mask file _mask

包含多个图层的元数据文件/Meta file − It is used to provide more layers/information in the same file _meta

镶嵌图/Mosaiced image _msc

多视的复数据/Multilooked Complex Data _ml

处理参数/Processing parameters _parameter_...

处理参数/Processing parameters . par

后定标图像/Post-calibrated image _cal

处理文件输入/输出列表/Processing File Input/Output list _list

比值图像/Ratio image _rto

选择"残余相"选项生成的轨道精练和重去平 shape 文件/Refinement and Re-flattening shape file（"Residual Phase" Preferences option）_phase_refinemet. shp

选择"轨道"选项生成的轨道精练和重去平 shape 文件/Refinement and Re-flattening shape file（"Orbital" Preferences option）_orbital_refinemet. shp

差分干涉和 SBAS 反演时生成的残余高程/Residual Height(D. P. Differential Interferometry and SBAS Inversion) _height

相位转高程生成的分辨率文件/Resolution file(Phase to Height) _resolution

以 dB 为单位的 SAR 定标结果/SAR Calibrated image (dB units) _dB

原始几何的 SAR 定标图像/SAR Calibrated image in the original geometry _srcal

原始几何的 SAR 定标和归一化图像/SAR Calibrated and Normalized image in the original geometry _srcal_norm

地理编码的 SAR 图像/SAR Geocoded image _geo

ENVI 格式的 SARscape 头文件/SARscape Header file(ENVI compatibility) . hdr

新格式的 SARscape 头文件/SARscape Header file(new format) . sml

旧格式的 SARscape 头文件/SARscape Header file(old format) _hdr

SAR 强度图/SAR Intensity image _pwr

SAR 多视地距图像/SAR Multi-look Ground Range image _gr

SAR 原始信号数据/SAR RAW data _raw

SAR 单视复数数据/SAR Single Look Complex data _slc

SBAS 空间(垂直)基线/SBAS spatial (normal) Baselines _norm_baseline

SBAS 时间基线/SBAS temporal Baselines _temp_baseline

散射面积/Scattering area _area

斜距距离/Slant Range Distance _R

斜距转换 shape 文件/Slant Range transformed Shape file _slant. shp

从 DEM 得到的坡度图像/Slope image(from a DEM) _slope

统计结果/Statistic parameters _sta

合成相位/Synthetic Phase _sint ScanSAR

干涉得到的合成相位/Synthetic Phase(ScanSAR Interferogram) _synt_sint

XML 格式的临时处理参数/Temporary processing parameters(XML format) _par. sml

文本文件/Text file . txt

Tiff 文件/Tiff file _ql. tif

解缠后编辑后的相位/Unwrapped Phase Edited _edit_upha

Shape 格式矢量数据的相关文件/Vector Data Base file associated with a Shape(. shp) . dBf

Shape 格式矢量数据的相关文件/Vector Drawing Interchange file associated with a Shape(. shp) . dxf

ENVI 经典格式的矢量数据/Vector file in ENVI Classic format . evf

Shape 格式的矢量数据/Vector Shape file . shp

参考文献

[1] 白泽朝,靳国旺,张红敏,等.天津地区 Sentinel-1A 雷达影像 PS-InSAR 地面沉降监测[J].测绘科学技术学报,2017,34(3):283-288.

[2] 董华伟.基于 SBAS-InSAR 技术的焦作地面沉降监测及分析[D].西安:长安大学,2021.

[3] 樊小洁,王亮亮.时序 InSAR 技术在太原地铁沿线形变监测中的应用[J].北京测绘,2022,36(11):1599-1604.

[4] 范宇宾,郭唯娜,柯长青.基于 SBAS-InSAR 技术的巨野煤田沉降监测[J].高技术通讯,2021,31(3):333-340.

[5] 高二涛,李豪,雍琦,等.利用 Sentinel-1A 的时序干涉测量探测蒲县滑坡形变[J].科学技术与工程,2021,21(18):7447-7454.

[6] 高思远.基于 Sentinel-1 数据的 PS-InSAR 技术在金沙江白格滑坡监测中应用研究[D].北京:中国水利水电科学研究院,2019.

[7] 葛鹏飞,刘辉,陈蜜,等.时序 InSAR 监测京雄城际铁路河北段地面沉降[J].测绘通报,2022(7):64-70.

[8] 宫辉力,张有全,李小娟,等.基于永久散射体雷达干涉测量技术的北京市地面沉降研究[J].自然科学进展,2009,19(11):1261-1266.

[9] 何沐.基于地形三维信息的时序 InSAR 大气延迟估计及其应用于城市沉降监测[D].成都:西南交通大学,2018.

[10] 侯安业,张景发,刘斌,等.PS-InSAR 与 SBAS-InSAR 监测地表沉降的比较研究[J].大地测量与地球动力学,2012,32(4):125-128,134.

[11] 侯建国,祁晓明,杨成生,等.基于 PS-InSAR 技术探测地表形变的实验研究[J].自然灾害学报,2010,19(1):33-38.

[12] 黄洁慧,谢谟文,王立伟.基于 SBAS-InSAR 技术的白格滑坡形变监测研究[J].人民长江,2019,50(12):101-105.

[13] 贾春庭.基于时序 InSAR 技术的湿陷性黄土地区地表形变监测研究[D].长春:吉林大学,2021.

[14] 姜德才,张永红,张继贤,等.天津市地铁线不均匀地表沉降 InSAR 监测[J].遥感信息,2017,32(6):27-32.

[15] 姜乃齐.基于 InSAR 技术的高速公路沿线沉降监测研究[D].昆明:昆明理工大学,2021.

[16] 金恩,吴铭飞,张香.基于 PS-InSAR 技术的上海长江大桥变形监测方法研究[J].江苏科技信息,2022,39(18):46-49.

[17] 兰孝奇,黄晓时,刘迪.GPS 大坝变形监测网数据处理模型[J].同济大学学报(自然科学版),2007,35(12):1695-1698.

[18] 李建刚,王天宇,陈慧霞.水准测量技术在大坝坝基形变监测中的应用[J].测绘与空间地理信息,2019,42(11):239-243,247.

[19] 李珊珊.基于 SBAS 技术的青藏铁路区冻土形变监测研究[D].长沙:中南大学,2012.

[20] 李旺.基于哨兵卫星的长白山地区地表形变监测 DInSAR 技术[J].北京测绘,2018,32(9):1073-1077.

[21] 李雅华.大坝无线监测智能终端设计[D].西安:西安科技大学,2014.

[22] 刘志敏,李永生,张景发,等.基于SBAS-InSAR的长治矿区地表形变监测[J].国土资源遥感,2014 (3):37-42.

[23] 罗文奇,薛磊,李娜娜,等.基于SBAS-InSAR的煤田采空区地面沉降监测研究[J].测绘,2018,41 (4):161-164.

[24] 马伟明.TCA测量机器人在三屯河水库大坝外部变形监测中的应用[J].大坝与安全,2004(6):45- 47.

[25] 史玉强,刘建东,金永民,等.辽宁大伙房水库水质健康风险评估[J].中国环境监测,2013,29(3): 60-64.

[26] 唐李.基于InSAR的输电通道地形形变提取研究[D].成都:电子科技大学,2018.

[27] 唐伶俐,张景发,王新鸿,等.极具应用潜力的PS技术[J].遥感技术与应用,2005,20(3):309-314.

[28] 田福金,郭建明.福建省泉州地区断裂带地壳形变PS-InSAR监测[J].地震工程学报,2015,37 (1):196-201.

[29] 王学.大伙房水库入库出库水质监测分析[J].黑龙江水利科技,2012,40(3):49-50.

[30] 王长青.结合Sentinel-1B和Landsat8 OLI数据的针叶林冠层叶片含水量反演研究[D].哈尔滨:东 北林业大学,2018.

[31] 王苗霖.观音阁水库大坝现场安全检查及综合评价[J].黑龙江水利科技,2021,49(5):248-250.

[32] 夏斯雨,陆潘潘,晏王波.基于SBAS-InSAR的淮安市地面沉降监测研究[J].现代测绘,2018,41 (6):13-15.

[33] 许军强,马涛,卢意恺,等.基于SBAS-InSAR技术的豫北平原地面沉降监测[J].吉林大学学报(地 球科学版),2019,49(4):1182-1191.

[34] 许文斌,李志伟,丁晓利,等.利用InSAR短基线技术估计洛杉矶地区的地表时序形变和含水层参 数[J].地球物理学报,2012,55(2):452-461.

[35] 王义梅,罗小军,于冰,等.郑州市地面沉降InSAR监测[J].测绘科学,2019,44(9):100-106.

[36] 王远坚,姜岳,MISA R,等.基于PS-InSAR监测的石油开采地表下沉模型反演[J].中国矿业, 2021,30(4):82-88.

[37] 王之栋,文学虎,唐伟,等.联合多种InSAR技术的龙门山—大渡河区域地灾隐患早期探测[J].武 汉大学学报(信息科学版),2020,45(3):451-459.

[38] 魏丹妮.基于InSAR的金沙江流域沃达村滑坡变形演化特征[D].三河:防灾科技学院,2022.

[39] 叶萍萍.基于SBAS-InSAR的城市地表形变监测技术研究:以兰州新区城区为例[J].矿山测量, 2020,48(6):80-83.

[40] 张博.辽宁大伙房水库周边生态环境破坏问题及治理[J].黑龙江农业科学,2018(12):97-99.

[41] 张岩.基于Sentinel-1 SAR数据反演涿鹿县7·5地震形变信息[J].价值工程,2017,36(12):156- 158.

[42] 章西林,庞毅,李文枫.观音阁水库大坝安全监测评价系统研究[J].现代农业科技,2010(3):284- 285.

[43] Alberto Pepe. Socioepistemic analysis of scientific knowledge production in little science research[J]. TripleC,2008,6(2).

[44] Alessandro Ferretti, Claudio Prati, Fabio Rocca. Nonlinear subsidence rate estimation using permanent scatterers in differential SAR interferometry[J]. IEEE Trans. Geoscience and Remote Sensing, 2000,38 (5).

[45] Andrew Hooper, Howard Zebker, Paul Segall, et al. A new method for measuring deformation on

volcanoes and other natural terrains using InSAR persistent scatterers[J]. Geophysical Research Letters, 2004,31(23).

[46] Bingqian C, Yijie L. Monitoring of residual subsidence in old goafs based on ultrashort-baseline InSAR technology[J]. Journal of Mines, Metals and Fuels,2016,63(12): 673-680.

[47] Catalao J, Nico G, Hanssen R, et al. Merging GPS and Atmospherically Corrected InSAR Data to Map 3D Terrain Displacement Velocity[J]. IEEE Trans. on Geoscience and Remote Sensing, 2011,49(6).

[48] Chen D, Lu Y, Jia D. Land deformation associated with exploitation of groundwater in Changzhou City measured by COSMO-SkyMed and Sentinel-1A SAR data[J]. Open Geosciences,2018,10(1): 678-687.

[49] Cheney M. Introduction to Synthetic Aperture Radar (SAR) and SAR Interferometry[J]. Approximation theory,2022.

[50] Chuang J, Lei W, Xue-Xiang Y, et al. A DPIM-InSAR method for monitoring mining subsidence based on deformation information of the working face after mining has ended [J]. International Journal of Remote Sensing,2021,42(16): 6333-6361.

[51] Daniele Perissin, Zhiying Wang, Hui Lin. Shanghai subway tunnels and highways monitoring through Cosmo-SkyMed Persistent Scatterers[J]. ISPRS Journal of Photogrammetry and Remote Sensing, 2012, 73.

[52] Dumka Rakesh K, SuriBabu D, Malik Kapil, et al. PS-InSAR derived deformation study in the Kachchh, Western India[J]. Applied Computing and Geosciences,2022(8).

[53] Fan H, Wang L, Wen B, et al. A New Model for three-dimensional Deformation Extraction with Single-track InSAR Based on Mining Subsidence Characteristics [J]. International Journal of Applied Earth Observation and Geoinformation,2021(94): 102223.

[54] Feng G, Ding X, Li Z, et al. Calibration of an InSAR-Derived Coseimic Deformation Map Associated with the 2011 Mw-9.0 Tohoku-Oki Earthquake[J]. IEEE Geoscience & Remote Sensing Letters, 2012, 9(2): 302-306.

[55] Ferretti A, Prati C. Nonlinear subsidence rate estimation using permanent scatterers in differential SAR interferometry[J]. IEEE Transactions on Geoscience & Remote Sensing, 38(5): 2202-2212.

[56] Ferretti A, Prati C, Rocca F. Permanent scatterers in SAR interferometry[J]. IEEE Transactions on Geoscience and Remote Sensing, 2000, 39(1): 8-20.

[57] Francesca Cigna, Batuhan Osmanoǧlu, Enrique Cabral-Cano, et al. Monitoring land subsidence and its induced geological hazard with Synthetic Aperture Radar Interferometry: A case study in Morelia, Mexico [J]. Remote Sensing of Environment,2011(117).

[58] Fuhrmann T, Caro Cuenca M, Knöpfler A,et al. Estimation of small surface displacements in the Upper Rhine Graben area from a combined analysis of PS-InSAR, levelling and GNSS data[J]. Geophysical Journal International,2015,203(1).

[59] Guo J,Xu S,Fan H. Neotectonic interpretations and PS-InSAR monitoring of crustal deformations in the Fujian area of China[J]. Open Geosciences,2017,9(1): 126-132.

[60] Guo X. Identification and monitoring landslides in Longitudinal Range-Gorge Region with InSAR fusion integrated visibility analysis[J]. Landslides,2021.18(2).

[61] Montazeri S, Id F, Rodríguez González, et al. Remote sensing geocoding error correction for insar point clouds[J].2019.

[62] Muhetaer N, Yu J, Wang Y, et al. Temporal and Spatial Evolution Characteristics Analysis of Beijing

Land Subsidence Based on InSAR[J]. IOP Conference Series Earth and Environmental Science, 2021, 658(1): 012050.

[63] Qiang Chen, Guoxiang Liu, Xiaoli Ding, et al. Tight integration of GPS observations and persistent scatterer InSAR for detecting vertical ground motion in Hong Kong[J]. International Journal of Applied Earth Observations and Geoinformation, 2010, 12(6): 477-486.

[64] Qiao Xin, Qu Chunyan, Shan Xinjian, et al. Interseismic Slip and Coupling along the Haiyuan Fault Zone Constrained by InSAR and GPS Measurements[J]. Remote Sensing, 2021, 13(16): 3333.

[65] Qiuxiang Tao, Tengfei Gao, Leyin Hu, et al. Optimal selection and application analysis of multi-temporal differential interferogram series in StaMPS-based SBAS InSAR[J]. Taylor & Francis, 2018, 51(1): 1070-1086.

[66] Rakesh K, Dumka D, SuriBabu, et al. PS-InSAR derived deformation study in the Kachchh, Western India[J]. Applied Computing and Geosciences, 2020(8): 100041.

[67] Zhao Rong, Li Zhi wei, Feng Guang cai, et al. Monitoring surface deformation over permafrost with an improved SBAS-InSAR algorithm: With emphasis on climatic factors modeling[J]. Remote Sensing of Environment, 2016(184): 276-287.

[68] Thapa S, Chatterjee R S, Singh K B, et al. Land subsidence monitoring using PS-InSAR technique FOR L-band sar data. ISPRS-International Archives of the Photogrammetry[J]. Remote Sensing and Spatial Information Sciences, 2016, 41(7): 995-997.

[69] Shaochun Dong, Sergey Samsonov, Hongwei Yin, et al. Two-Dimensional Ground Deformation Monitoring in Shanghai Based on SBAS and MSBAS InSAR Methods[J]. Journal of Earth Science, 2018, 29(4): 960-968.

[70] Wei Li, Chang Wang. GPS in the Tailings Dam Deformation Monitoring[J]. Procedia Engineering, 2011(26): 1648-1657.

[71] Dai Wujiao, Liu Ning, Rock Santerre, et al. Dam Deformation Monitoring Data Analysis Using Space-Time Kalman Filter[J]. ISPRS International Journal of Geo-Information, 2016, 5(12): 236.

[72] Xiufeng He, Guang Yang, Xiao li ding, et al. Application and evaluation of a GPS multi-antenna system for dam deformation monitoring[J]. The Seismological Society of Japan, Society of Geomagnetism and Earth, Planetary and Space Sciences, The Volcanological Society of Japan, The Geodetic Society of Japan, The Japanese Society for Planetary Sciences, 2004, 56(11): 3400-3402.

[73] Yueqian Shen, Teng Huang, Francisco Alhama. Application of the Periodic Average System Model in Dam Deformation Analysis[J]. Mathematical Problems in Engineering, 2015.

[74] Elena Kiseleva, Valentin Mikhailov, Ekaterina Smolyaninova, et al. PS-InSAR Monitoring of Landslide Activity in the Black Sea Coast of the Caucasus[J]. Procedia Technology, 2014(16): 404-413.

[75] Francesca Cigna, Andrew Sowter. The relationship between intermittent coherence and precision of ISBAS InSAR ground motion velocities: ERS-1/2 case studies in the UK[J]. Remote Sensing of Environment, 2017(202): 177-198.

[76] Fuhrmann T, Cuenca M, CaroKnopfler A, et al. Estimation of small surface displacements in the Upper Rhine Graben area from a combined analysis of PS-InSAR, levelling and GNSS data[J]. Geophysical Journal International, 2015, 203(1): 614-631.

[77] Funning G J, Burgmann R, Ferretti A, et al. Creep on the Rodgers Creek fault, northern San Francisco Bay area from a 10 year PS-InSAR dataset[J]. Geophysical Research Letters, 2007, 4(19): L19306-1-L19306-5-0.

［78］ Perrone G,Morelli M,Piana F,et al. Current tectonic activity and differential uplift along the Cottian Alps/Po Plain boundary (NW Italy) as derived by PS-InSAR data［J］. Journal of Geodynamics, 2013 (66):65-78.

［79］ Gong Chuangang,Lei Shaogang,Bian,et al. Using time series InSAR to assess the deformation activity of open-pit mine dump site in severe cold area［J］. Journal of Soils and Sediments, 2021,21(11):3717-3732.

［80］ He Zhongqiu, Chen Ting, Wang Mingce, et al. Multi-Segment Rupture Model of the 2016 Kumamoto Earthquake Revealed by InSAR and GPS Data［J］. Remote Sensing,2020,12(22).

［81］ Hong Shunying, Liu Mian. Postseismic Deformation and Afterslip Evolution of the 2015 Gorkha Earthquake Constrained by InSAR and GPS Observations［J］. Journal of Geophysical Research(Solid Earth),2021,126(7).

［82］ Jeon J, Lee J, Shin D, et al. Development of dam safety management system［J］. Advances in Engineering Software,2009,40(8):554-563.

［83］ Ji Lingyun, Wang Qingliang, Qin Shanlan. Present-day deformation of Agung volcano, Indonesia, as determined using SBAS-InSAR［J］. Geodesy and Geodynamics,2013,4(8):65-70.

［84］ JO Ehiorobo,BU Anyata. Stochastic Analysis of Differential GPS Surveys for Earth Dam Deformation Monitoring［J］. Journal of the Nigerian Association of Mathematical Physics,2010,17(0):311-320.

［85］ Ju Wang,Cheng Cai zhang. Earth-Rock Dam Deformation Monitoring Based on Three-Dimensional Laser Scanning Technology［J］. Advanced Materials Research, 3181:926-930.

［86］ Lucas S,Ribeiro Volmir E,Wilhelm,et al. A comparative analysis of long-term concrete deformation models of a buttress dam［J］. Engineering Structures,2019(193):301-307.

［87］ Luyen K, Bui W E, Featherstone M S, et al. Disruptive influences of residual noise, network configuration and data gaps on InSAR-derived land motion rates using the SBAS technique［J］. Remote Sensing of Environment, 2020,247(15):111941.

［88］ Gao M L,Gong H L,Chen B B,et al. Mapping and characterization of land subsidence in Beijing Plain caused by groundwater pumping using the Small Baseline Subset (SBAS) InSAR technique［J］. Proceedings of the International Association of Hydrological Sciences, 2015(372):347-349.

［89］ Mulabisana T,Meghraoui M,Midzi V,et al. Seismotectonic analysis of the 2017 moiyabana earthquake (MW 6.5; Botswana), insights from field investigations, aftershock and InSAR studies［J］. Journal of African Earth Sciences, 2021,182.

［90］ Tizzani M,Berardino P,Casu F,et al. Surface deformation of Long Valley caldera and Mono Basin, California, investigated with the SBAS-InSAR approach［J］. Remote Sensing of Environment: An Interdisciplinary Journal, 2007,108(3):277-289.

［91］ Panggea, GhiyatsSabrian, AsepSaepuloh, et al. Combined SBAS-InSAR and geostatistics to detect topographic change and fluid paths in geothermal areas［J］. Journal of Volcanology and Geothermal Research, 2021(416):107272.

附　图

附图1　沈阳市地铁线路及研究区范围分布

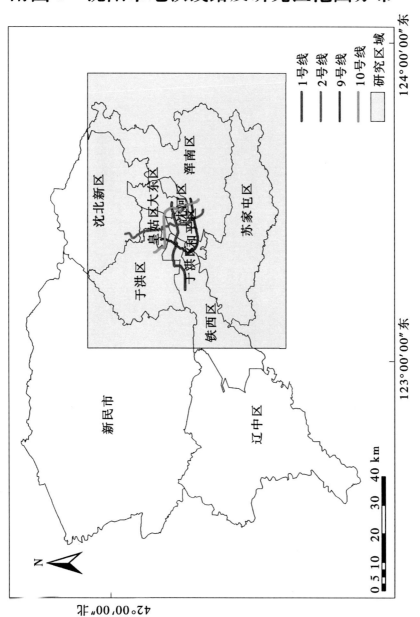

附图 2　SBAS 沈阳市形变速率

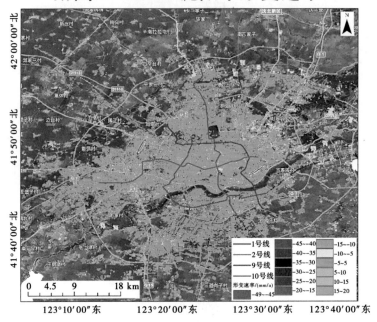

附图 3　SBAS 地铁沿线形变速率

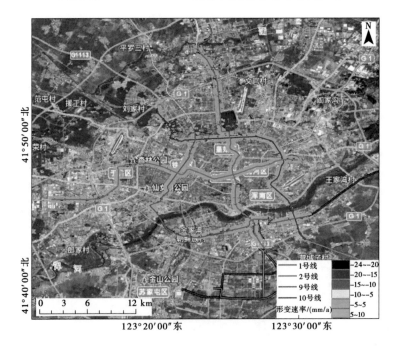

附图4 SBAS地铁1号线形变速率

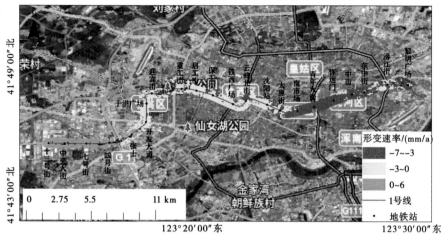

附图5 SBAS地铁2号线形变速率

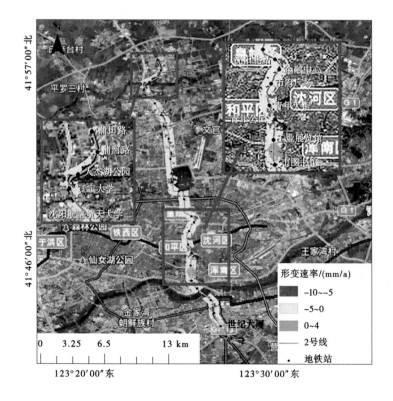

附图 6　SBAS 地铁 2 号线形变时间序列
（2020 年 1 月 20 日至 2021 年 12 月 16 日）

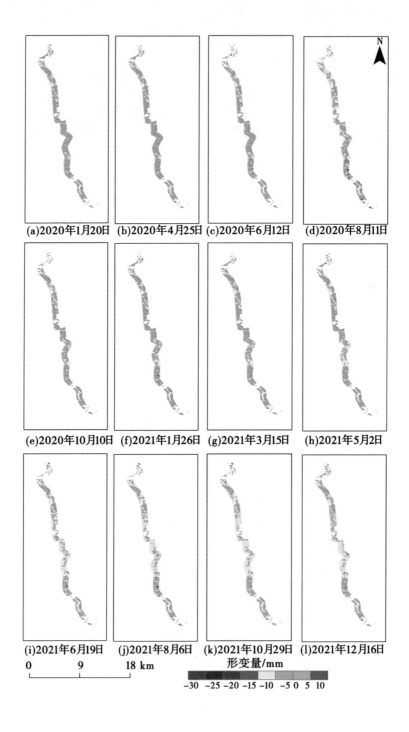

(a)2020年1月20日　(b)2020年4月25日　(c)2020年6月12日　(d)2020年8月11日

(e)2020年10月10日　(f)2021年1月26日　(g)2021年3月15日　(h)2021年5月2日

(i)2021年6月19日　(j)2021年8月6日　(k)2021年10月29日　(l)2021年12月16日

0　　　9　　　18 km

形变量/mm

−30　−25　−20　−15　−10　−5　0　5　10

附图 7　SBAS 地铁 9 号线、10 号线形变速率

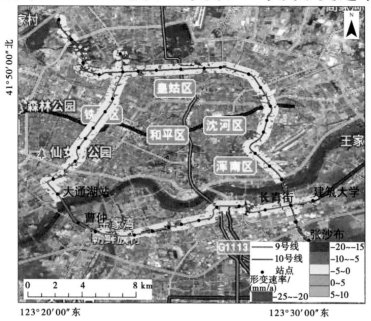

附图 8　PS 地铁沿线形变速率

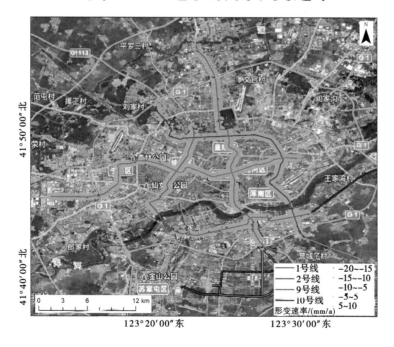

附图 9　PS 地铁 1 号线形变速率

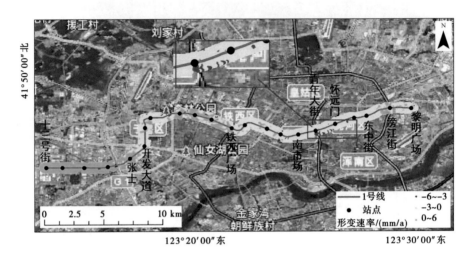

附图 10　PS 地铁 2 号线形变速率

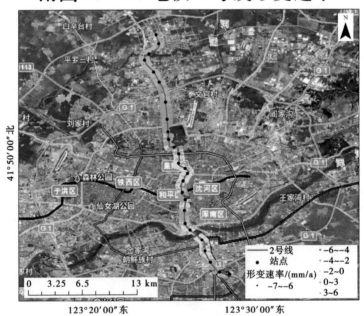

附图 11　PS 地铁 2 号线形变时间序列
（2020 年 1 月 20 日至 2021 年 12 月 16 日）

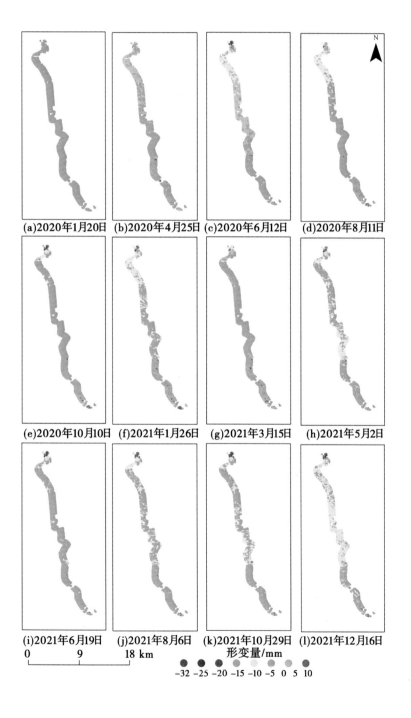

附图 12　PS 地铁 9 号线、10 号线形变速率

附图 13　覆盖研究区域 DEM